Guias de Actividades

Campos Electromagnéticos
y
Medios de Enlace

Entre Transmisor y Receptor

Edición 2020

INGENIERÍA: es la profesión en la que el conocimiento de las ciencias matemáticas y naturales adquiridas mediante el estudio, la experiencia y la práctica se emplea con buen juicio a fin de desarrollar modos en que se puedan utilizar, de manera óptima, materiales, conocimientos y las fuerzas de la naturaleza en beneficio de la humanidad, con el contexto de condiciones éticas, físicas, económicas, ambientales, humanas, políticas, legales, históricas y culturales.

(Extraído del Libro Rojo del CONFEDI)

Ing. ANTONIO GARCÍA ABAD

Guía de Actividades

CAMPOS ELECTROMAGNÉTICOS

y

MEDIOS DE ENLACE

Entre Transmisor y Receptor

Edición 2020

Educación por Competencias

Modelo de aprendizaje centrado en el alumno

UNIVERSITAS
CÓRDOBA

Pje España 1467. Tel: 4680913. (5000) Córdoba. Argentina – editorialuniversitas@yahoo.com.ar

UNIVERSITAS
Editorial
Científica
Universitaria
CÓRDOBA

Diseño de Tapa: Universitas
Autoedición: Ing. Antonio García Abad - Universitas
Producción Gráfica: Universitas.

EMAIL: editorialuniversitas@yahoo.com.ar

ISBN 978-987-9406-97-7

ÍNDICE

CAMPOS ELECTROMAGNÉTICOS
Y
MEDIOS DE ENLACE

COMPETENCIAS A LOGRAR

Interpretar, modelar y resolver problemas de "Sistemas de Comunicaciones"

1. Espectro Electromagnético:

Conocer e interpretar la ubicación de los medios de comunicación dentro del espectro de frecuencia y tomar conciencia de la importancia que cumple el canal o medio que une el transmisor y receptor en el sistema de comunicación.

2. Ecuaciones de Maxwell:

Interpretar y modelar las modificaciones introducidas por Maxwell en las expresiones fundamentales de campos estáticos para hallar las ecuaciones de campos variables en el tiempo, reconociendo así, la existencia de campos electromagnéticos.

3. Condiciones de Contorno:

Interpretar el comportamiento de las componentes normales y tangenciales del campo eléctrico y magnético en la zona de frontera o contorno de un medio.

4. Ecuación de la Onda Electromagnética en Medios Continuos:

Interpretar el comportamiento ondulatorio de los campos electromagnéticos, al propagarse por medios homogéneos, sin carga (conductores, dieléctricos, vacio), y conocer las constantes características de una onda electromagnética.

5. Polarización de la Onda Electromagnética:

Identificar y modelar los distintos tipos de polarización en base a las magnitudes relativas y las fases de las componentes del campo eléctrico.

6. Vector de Poynting:

Interpretar y modelar la velocidad de flujo de energía o flujo de potencia transportado por una onda electromagnética.

7. Reflexión Normal entre dos Medios Dieléctricos:

Interpretar y modelar el comportamiento de la onda electromagnética plana, cuando se propaga a través de medios no homogéneos o diferentes dieléctricos.

8. Reflexión Normal entre Dieléctrico y Conductor Perfecto:

Interpretar y modelar la existencia de ondas estacionarias del campo eléctrico total y campo magnético total, en el medio dieléctrico, debido a la reflexión total del medio conductor perfecto.

9. Cálculo Analítico y Gráfico del Campo Total en Reflexión Normal:

Interpretar y calcular la distribución del campo total y los parámetros de reflexión por técnicas gráficas de fácil manejo.

10. Reflexión Oblicua:

Definir, Interpretar y modelar la dirección arbitraria de un vector en el sistema de coordenadas rectangulares y de demostrar analíticamente la generación de ondas estacionarias en el eje perpendicular a la superficie conductora y la generación de ondas progresivas en el eje paralelo a la superficie conductora en la reflexión oblicua.

11. Guías de Ondas:

Demostrar y modelar el comportamiento de los campos eléctricos y magnéticos en regiones limitadas por paredes conductoras paralelas a la dirección de propagación de la onda y de sección transversal uniforme.

12. Líneas de Transmisión:

Demostrar y modelar el comportamiento de los cables conductores a una frecuencia de trabajo elevada.

13. Adaptación de Líneas de Transmisión:

Interpretar y modelar una línea de transmisión para evitar ondas reflejadas en el extremo generador, cuando la carga es diferente a la impedancia característica de la línea.

14. RADIACIÓN:

Interpretar y modelar la generación de ondas electromagnéticas como consecuencia de la radiación de un elemento conductor de corriente.

15. ANTENAS:

Interpretar los fundamentos de las Antenas y saber clasificarlas según sus características.

16. FIBRAS ÓPTICAS:

Interpretar y modelar los fundamentos, usos y ventajas de las Fibras Ópticas.

Gracias al compromiso de Docentes, a la participación de los Alumnos y para cumplir con las características de: Flexibilidad, Continuidad, Unidad y Realidad de todo Plan, se actualizó y modificó el contenido según las necesidades y sugerencias planteadas.

Agradeceré cualquier observación para mejorarla.

ING. ANTONIO M. GARCIA ABAD

e-m@il: ondaem2004@yahoo.com.ar

Universidad virtual en: www.frc.utn.edu.ar

"Medios de enlace"

Seguí el desarrollo de las clases por:

Facebook  Onda Electromagnética

Instagram  Mediosdeenlace

You Tube 

Medios de Enlace

¿CÓMO ESTUDIAR LA MATERIA?

LA DIVIDIMOS EN CINCO GRUPOS DE TEMAS:

1- HERRAMIENTAS BÁSICAS

- *U.T. N° 1: ESPECTRO ELECTROMEGNÉTICO*
- *U.T. N° 2: ECUACIONES DE MAXWELL*
- *U.T. N° 3: CONDICIONES DE CONTORNO*

2- ECUACIÓN DE ONDA

- *U.T. N° 4: ECUACIÓN DE LA ONDA*
- *U.T. N° 5: POLARIZACIÓN DE LA ONDA*
- *U.T. N° 6: VECTOR DE POYNTING*

3- REFLEXIÓN PERPENDICULAR

- *U.T. N° 7:REF. PERP. DIELÉCT./DIELÉCT.*
- *U.T. N° 8: REF. PERP. DIÉLECT./COND. PERF.*
- *U.T. N° 9: CÁLCULO ANALÍTICO Y GRÁFICO*
- *U.T. N° 12: LÍNEAS DE TRANSMISIÓN*
- *U.T. N° 13: ADAPTACIÓN DE LÍNEAS DE TRA.*

4- REFLEXIÓN OBLICUA

- *U.T. N° 10: REFLEXIÓN OBLICUA*
- *U.T. N° 11: GUÍAS DE ONDA*
- *U.T. N° 16: FIBRAS ÓPTICAS*

5- RADIACIÓN Y ANTENAS

- *U.T. N° 14:RADIACIÓN DE LA ONDA*
- *U.T. N° 15: ANTENAS*

1 – HERRAMIENTAS BÁSICA MAPA CONCEPTUAL DE CAMPOS ELECTROMAGNÉTICOS Y

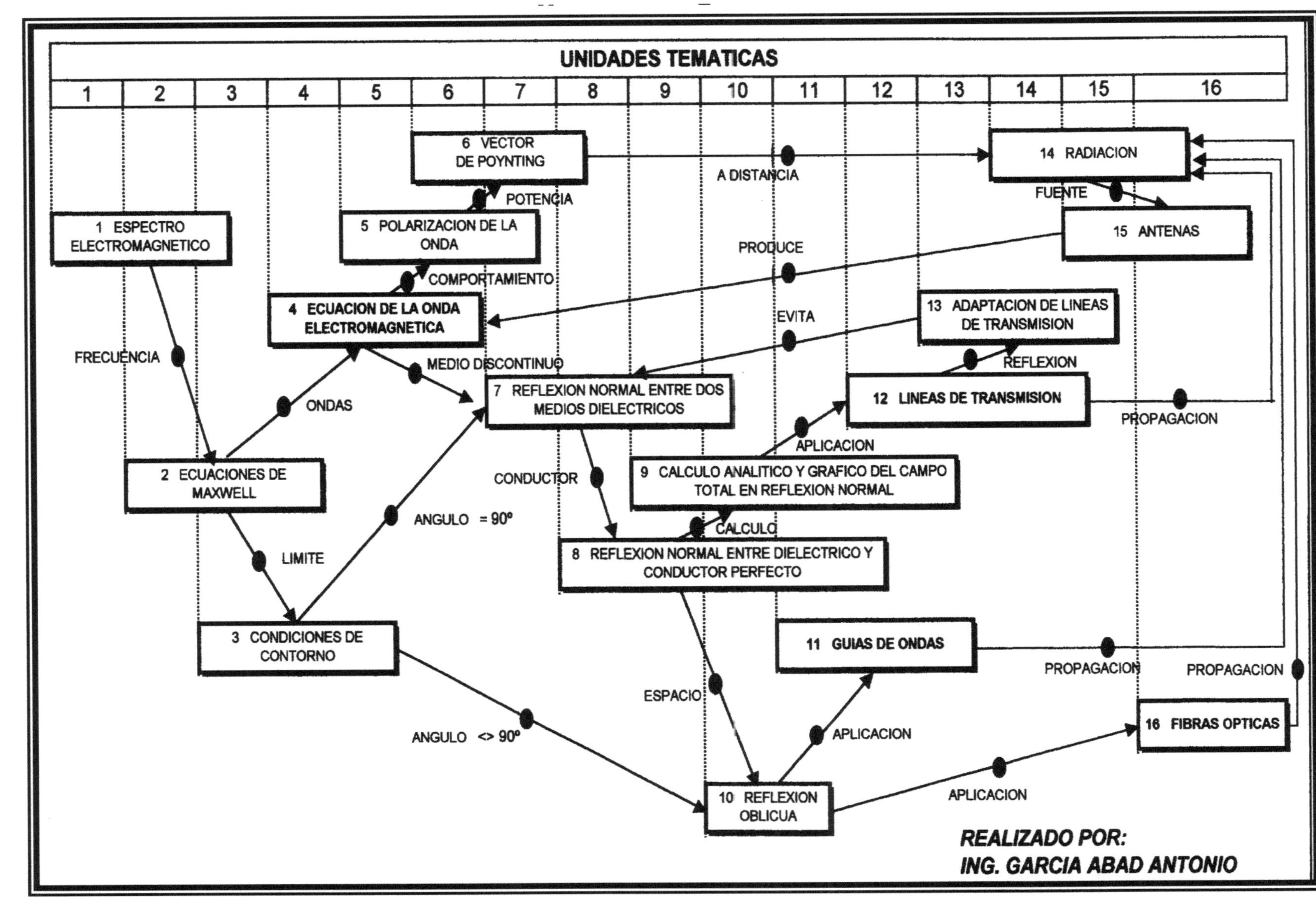

SEGUIMIENTO DE TRABAJOS PRACTICOS

Profesor Titular: . . . . Alumno: . . . .

Profesor Trab. Pract.: . . . . Curso: . . . .

UNIDAD TEMATICA		***NUMEROS DE TRABAJOS PRACTICOS***													
1	**ESP. ELE.**	**1**	**2**	**3**	**4**										
2	**ECU. MAX.**	**5**	**6**	**7**	**8**	**9**	**10**	**11**	**12**	**13**	**14**	**15**	**16**	**17**	**18**
		19	**20**	**21**	**22**										
3	**CON. CON.**	**23**	**24**	**25**											
4	**ECU. OEM.**	**26**	**27**	**28**	**29**	**30**	**31**	**32**	**33**	**34**	**35**	**36**	**37**	**38**	**39**
		40	**41**												
5	**POL. OEM.**	**42**	**43**												
6	**VEC. POY.**	**44**	**45**	**46**	**47**	**48**	**49**	**50**							

1ra Verificación de Prácticos Realizados: . . . / . . . / . . .- . . . .

7	**REF. NDD.**	**51**	**52**	**53**	**54**	**55**									
8	**REF. NDC.**	**56**	**57**	**58**											
9	**CAL. AYG.**	**59**	**60**	**61**	**62**	**63**	**64**	**65**	**66**	**67**	**68**	**69**	**70**	**71**	**72**

2da Verificación de Prácticos Realizados: . . . / . . . / . . .- . . . .

10	**REF. OBL.**	**73**	**74**	**75**			
11	**GUI. OND.**	**76**	**77**	**78**	**79**	**80**	**81**

12	**LIN. TRA.**	**82**	**83**	**84**	**85**	**86**	**87**	**88**	**89**	**90**	**91**	**92**	**93**	**94**	**95**
		96	**97**												
13	**ADA. LIN.**	**98**	**99**	**100**	**101**	**102**	**103**	**104**	**105**	**106**	**107**	**108**	**109**	**110**	**111**
		112													

3ra Verificación de Prácticos Realizados: . . . / . . . / . . .- . . . .

14	**RADIACION**	**113**	**114**		
15	**ANTENAS**	**115**	**116**	**117**	**118**
16	**FIB. OPT.**	**119**	**120**	**121**	**122**

Verificación Final de Prácticos Realizados: . . . / . . . / . . .- . . . .

Sello de Aprobación:

a) Marque con un círculo el número de problema a consultar.
b) Marque con una x el número de problema realizado.

Observaciones del Docente y consulta de dudas del Alumno:

ENUNCIADOS

1. Espectro Electromagnético

PROBLEMA N° 01.01.01

Graficar en escala logarítmica, el Espectro Electromagnético, indicando en él: bandas y canales de comunicación. Extraer conclusiones y expresar características principales, tales como: bandas de radio en AM y FM, bandas de Radioaficionados, bandas de TV, canal de voz humana y espectro visible.

PROBLEMA N° 01.02.02

Hacer un esquema de modulación en A.M. y F.M. e indicar las frecuencias de algunas radiodifusoras de su Ciudad tanto de A.M. como F.M.

PROBLEMA N° 01.03.03

Partiendo de un sistema de comunicación básico, explicar y graficar los distintos tipos de propagación de la onda electromagnética en el espacio libre y graficar en el espectro de frecuencias donde se encuentra cada una. y graficar en el espectro de frecuencias donde se encuentra cada una.

Expresar las constantes del vacío y calcular la impedancia intrínseca y la velocidad de la onda electromagnética en el mismo.

PROBLEMA N° 01.04.04

Un Handy **Baofeng UV82** está transmitiendo en una frecuencia F_1 y la recepción la realiza en una frecuencia F_2.

a) Calcular la longitud de onda de la señal de transmisión λ_T y recepción λ_R en metros, considerando que el factor de velocidad $F_V = 0,95$. Graficar proporcionalmente las dos ondas.
b) Indicar en que Banda de Frecuencia se encuentra cada onda.

$F_1 = 150$ [Mhz]

$F_2 = 450$ [Mhz]

2. ECUACIONES DE MAXWELL

PROBLEMA N° 02.01.05

a) Graficar y definir los elementos de longitud (dl_1, dl_2, dl_3,), que generan un diferencial de volumen, en coordenadas rectangulares, cilíndricas, esféricas y generalizadas.

b) Realizar una tabla de equivalencias de los elementos de longitud en los cuatro sistemas de coordenadas.

PROBLEMA N° 02.02.06

Expresar simbólicamente las componentes de un vector típico E en los cuatro sistemas de coordenadas.

PROBLEMA N° 02.03.07

Una estación móvil de radiogoniometría se ubica en las coordenadas X_1=0, Y_1=0, Z_1=0 del plano de una Ciudad y detecta la máxima señal de un emisora clandestina cuando el detector está a ϕ_1= 60° en azimut (plano XY - horizontal) tomado sobre el eje X, posteriormente el móvil se traslada al punto X_2=15 Km, Y_2=0, Z_2=0 y haciendo la misma operación, la máxima señal la detecta a un ángulo en azimut ϕ_2 = 145°. Calcular en qué valor de coordenadas X_0, Y_0, se encuentra la estación clandestina.

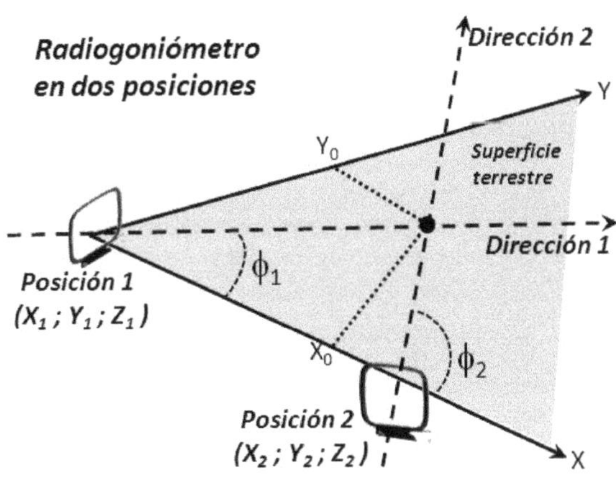

PROBLEMA N° 02.04.08

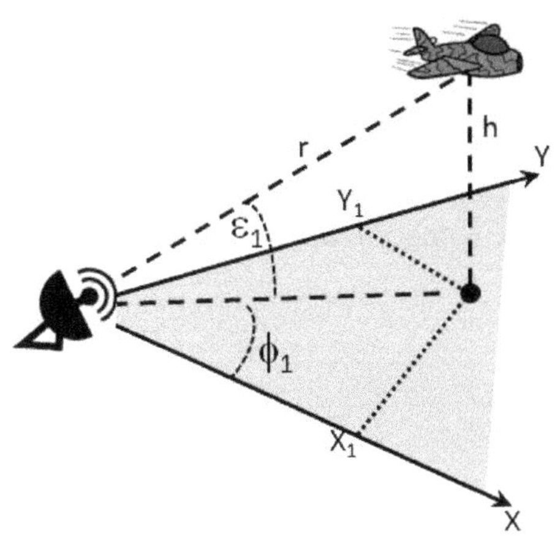

Por medio de un radar de seguimiento se detecta un elemento metálico en un punto del espacio, y por medio de su indicador visual se obtienen los siguientes datos:

ángulo en azimut ϕ_1= 45° , elevación ε_1= 30°, distancia radial r = 5 en escala por 1.000 metros.

Se desea conocer en que coordenadas del plano X_1,Y_1, está sobrevolando y a que altura h se encuentra dicho elemento.

PROBLEMA N° 02.05.09

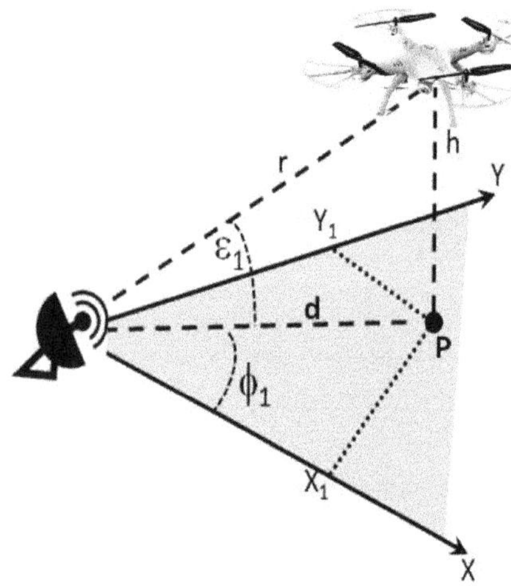

Un drone detecta en un punto P del terreno un elemento metálico de gran tamaño, y por medio del control remoto se obtienen los siguientes datos:

El ángulo en azimut $\phi_1 = 52°$ respecto al eje X, distancia radial r = 400 metros y altura h = 80 metros. Se desea conocer en que coordenadas del plano X_1, Y_1, está sobrevolando el drone y la distancia d entre el control y el punto P.

PROBLEMA N° 02.06.10

Dada la expresión simbólica del gradiente de un valor escalar "V", en coordenadas generalizadas; expresar el gradiente de "V", en coordenadas rectangulares, cilíndricas y esféricas.

$$\nabla.V = \frac{1}{h_1}.\frac{\partial V}{\partial u_1}a_1 + \frac{1}{h_2}.\frac{\partial V}{\partial u_2}a_2 + \frac{1}{h_3}.\frac{\partial V}{\partial u_3}a_3$$

PROBLEMA N° 02.07.11

Dada la expresión simbólica de la divergencia de un vector "D", en coordenadas generalizadas; expresar la divergencia del vector "D", en coordenadas rectangulares, cilíndricas y esféricas.

$$\nabla.\overline{D} = \frac{1}{h_1.h_2.h_3}.\left[\frac{\partial(h_2.h_3D_1)}{\partial u_1} + \frac{\partial(h_1.h_3D_2)}{\partial u_2} + \frac{\partial(h_1.h_2D_3)}{\partial u_3}\right]$$

PROBLEMA N° 02.08.12

Dada la expresión simbólica del rotor de un vector "D", en coordenadas generalizadas; expresar el rotor del vector "D", en coordenadas rectangulares.

$$\nabla x\overrightarrow{H} = \frac{1}{h_1 \cdot h_2 \cdot h_3}\begin{vmatrix} h_1 \cdot \hat{a}_1 & h_2 \cdot \hat{a}_2 & h_3 \cdot \hat{a}_3 \\ \frac{\partial}{\partial u_1} & \frac{\partial}{\partial u_2} & \frac{\partial}{\partial u_3} \\ h_1 \cdot H_1 & h_2 \cdot H_2 & h_3 \cdot H_3 \end{vmatrix}$$

PROBLEMA N° 02.09.13

Dada la expresión simbólica del Laplaciano de un valor escalar "V" en coordenadas generalizadas; expresar el Laplaciano de V en coordenadas rectangulares.

$$\nabla^2 V = \nabla.(\nabla V) = \frac{1}{h_1 h_2 h_3} \cdot \left[\frac{\partial}{\partial u_1}\left(\frac{h_2 h_3}{h_1}\frac{\partial V}{\partial_1}\right) + \frac{\partial}{\partial u_2}\left(\frac{h_1 h_3}{h_2}\frac{\partial V}{\partial u_2}\right) + \frac{\partial}{\partial u_3}\left(\frac{h_1 h_2}{h_3}\frac{\partial V}{\partial u_3}\right)\right]$$

PROBLEMA N° 02.10.14

Debido a que el operador Laplaciano es también aplicable a un campo vectorial que podemos definir como E(u_1 , u_2 , u_3 , t), expresar el Laplaciano del vector E en coordenadas rectangulares.

$$\nabla^2 \overline{E} = \frac{1}{h_1 h_2 h_3} \cdot \left[\frac{\partial}{\partial u_1}\left(\frac{h_2 h_3}{h_1}\frac{\partial}{\partial u_1}\right) + \frac{\partial}{\partial u_2}\left(\frac{h_1 h_3}{h_2}\frac{\partial}{\partial u_2}\right) + \frac{\partial}{\partial u_3}\left(\frac{h_1 h_2}{h_3}\frac{\partial}{\partial u_3}\right)\right] \cdot [E_1 \hat{a}_1 + E_2 \hat{a}_2 + E_3 \hat{a}_3]$$

PROBLEMA N° 02.11.15

Para comprobar la Tabla de "**Identidades Vectoriales**":

a) Demostrar que la "**Divergencia del rotor**" de un vector H es "**igual a cero**". (En coordenadas rectangulares).

$$\nabla.(\nabla x H) = 0$$

b) Demostrar que el "**Rotor del gradiente**" de un valor escalar V es "**igual a cero**". (En coordenadas rectangulares).

$$\nabla x(\nabla . V) = 0$$

c) Demostrar que la "**Divergencia del gradiente**" de un valor escalar V es igual al "**Laplaciano**" del valor escalar. (En coordenadas rectangulares).

$$\nabla.(\nabla V) = \nabla^2 V$$

PROBLEMA N° 02.12.16

Hallar el gradiente de la función V=2x+y

a) Graficar la función para valores constantes de V; V=2; V=4; V=6; V=8

b) Graficar el gradiente para los puntos P(x,y) siguientes:

P(0,2); P(0,4); P(0,6); P(1,0); P(2,0); P(3,0)

PROBLEMA N° 02.13.17

Hallar el Gradiente de la función escalar $V=x^2+y^2$

a) Graficar la función para valores constantes de V; V=1; V=4; V=9; V=16

b) Graficar el gradiente para los puntos P(x,y) siguientes:

P(0,-1); P(4,0); P(-2,0); P(0,3)

PROBLEMA N° 02.14.18

Dibujar gráficas de flujo para cada uno de los siguientes campos vectoriales. Hallar el Rotor y la Divergencia de cada uno, compararlos y extraer conclusiones. K es una constante. a_x es el versor en x.

a) $E1=K.a_x$

b) $E2=K.y.a_x$

c) $E3=K.x.a_x$

d) ¿Cómo es la expresión de un campo vectorial para que tenga divergencia y rotor?

PROBLEMA N° 02.15.19

A fin de tenerlo como referencia teórica:

a) Expresar simbólicamente las 4 ecuaciones que gobiernan los campos electrostáticos y magnetostáticos en su forma integral y por la aplicación del teorema de Stokes y de la divergencia en la forma vectorial.

b) Expresar la ecuación de continuidad para corrientes estables.

PROBLEMA N° 02.16.20

A fin de tenerlo como referencia teórica debido a que se aplican en la unidad de Radiación:

Expresar simbólicamente el potencial eléctrico V debido a una distribución continua de cargas y el vector potencial magnético $\overline{A}$ en un punto P(x,y,z), conociendo respectivamente la densidad de carga y densidad de corriente J de un punto P´(x´, y´,z´).

PROBLEMA N° 02.17.21

A fin de tenerlo como referencia teórica, expresar simbólicamente las ecuaciones de Maxwell:

a) Forma integral.

b) Forma vectorial/Diferencial. (Aplicar teorema de Stokes y de la Divergencia.)

c) Primera y segunda ecuación de Maxwell en forma fasorial.

PROBLEMA N° 02.18.22

Una espira cuadrada de 20 cm. de lado tiene conectado en serie un voltímetro de impedancia infinita que mide tensión eficaz. Determinar la tensión indicada por el voltímetro cuando la espira es colocada en un campo magnético variable en el tiempo, de intensidad máxima H=1[A/m] donde el plano de la espira es perpendicular al campo y la frecuencia es de 10 Mhz. { $H_{(t)}$=H.cos (w.t) }

3. Condiciones de Contorno

PROBLEMA N° 03.01.23

Expresar las condiciones que cumplen los campos eléctricos y magnéticos en la frontera o contorno de un medio. Realizar un cuadro comparativo de las Componentes Tangenciales y Normales en medios Dieléctrico/Dieléctrico y Dieléctrico/Conductor Perfecto.

PROBLEMA N° 03.02.24

Calcular el ángulo θ_1 con el que emerge un campo eléctrico **(E)** de un material donde $\varepsilon_1 = \varepsilon_0$, si en el medio 2 de $\varepsilon_2 = 10\ \varepsilon_0$ su ángulo $\theta_2 = 84{,}30°$.

Los ángulos están medidos desde la normal a la superficie de contorno.

PROBLEMA N° 03.03.25

Calcular el ángulo θ_1 con el que emerge el vector inducción **(B)** de un campo magnético de un material donde $\mu_1 = \mu_0$, si en el medio 2 de $\mu_2 = 10\ \mu_0$ su ángulo $\theta_2 = 74{,}60°$.

Los ángulos están medidos desde la normal a la superficie de contorno.

4. Ecuación de Onda

PROBLEMA N° 04.01.26

Expresar la ecuación del campo eléctrico y magnético de una onda electromagnética plana incidente, polarizada en el eje X, que se propaga con dirección paralela al eje Z.

a) En un medio conductor.

b) En un medio dieléctrico.

PROBLEMA N° 04.02.27

Expresar la ecuación de la impedancia intrínseca (η) en forma compleja y polar; constante de fase (β), constante de atenuación (α); constante de profundidad de penetración (δ); velocidad de la onda (vp) y la longitud de la onda (λ) todas en función de la pulsación (ω) y las constantes del medio (μ , ε , σ). Compararlas con las de un medio dieléctrico y las del vacío.

PROBLEMA N° 04.03.28

Calcular la Impedancia Intrínseca del vacío y la velocidad de la onda que se propaga en él, en función de la constante dieléctrica y la permeabilidad magnética.

PROBLEMA N° 04.04.29

Partiendo de la siguiente ecuación de onda:

$$Ex = 10.\cos\pi.\left(2.10^{8}.t - \frac{2}{3}z\right) \quad a_x$$

Hallar:

a) Longitud de la onda (λ).

b) Velocidad de la onda (vp).

c) Frecuencia (F) y periodo (T).

d) Constante de fase β en [°/m] y [Radianes/m].

e) Hacer una "Tabla de valores" de $E_x = f(z, t)$ y graficar el campo Eléctrico para $0<z<3$ metros, cada 0,375 metros.

1) Para t=0

2) Para t= 0.834×10^{-9} seg.

3) Para t= 1.667×10^{-9} seg.

f) Hallar el campo Magnético (H) asociado a la onda electromagnética que se propaga en el medio de permeabilidad magnética relativa (μ_r) igual a la unidad y la conductividad (σ) es igual a cero.

PROBLEMA N° 04.05.30

Partiendo de la siguiente ecuación de onda:

$$Ex = 15.\cos.\left(2.\pi.10^{8}.t - \frac{2.\pi}{2,5}z\right) \quad a_x$$

Hallar:

a) Longitud de la onda (λ).

b) Velocidad de la onda (vp).

c) Frecuencia (F) y periodo (T).

d) Constante de fase β en [°/m] y [Radianes/m].

e) Hacer una "**Tabla de valores**" de $E_x = f(z, t)$ y graficar el campo Eléctrico para $0<z<2,5$ metros, cada 0,3125 metros.

1) Para t=0

2) Para t= 1.25×10^{-9} seg.

3) Para t= 1.944×10^{-9} seg.

f) Hallar el campo Magnético (H) asociado a la onda electromagnética que se propaga en el medio de permeabilidad magnética relativa (μ_r) igual a la unidad y la conductividad (σ) es igual a cero.

PROBLEMA N° 04.06.31

El campo eléctrico asociado a una onda electromagnética, se propaga a una velocidad $v_p = 70\%$ de c, es decir $v_p = 210.000 \dfrac{Km}{seg}$, cuando la frecuencia es de 125 Mhz.

El Medio en el cual se propaga, tiene una permeabilidad magnética relativa igual a la unidad y la conductividad σ es igual a cero.

Calcular:

a) Longitud de la onda (λ)

b) Constante de fase (β) en [°/m] y [Radianes/m].

c) Impedancia intrínseca (η)

PROBLEMA N° 04.07.32

Una Onda electromagnética que se propaga en la dirección z, a una frecuencia de 200 Mhz con una amplitud de campo eléctrico Ei= 100 V/m, en un dieléctrico donde la permeabilidad magnética relativa μ_r es igual a la unidad y la constante dieléctrica relativa ε_r es igual a 4. Expresar la ecuación de onda para el campo eléctrico y magnético en función del tiempo y del espacio con estos valores.

$$E_{X(Z,t)} = Ei.\cos(\varpi.t - \beta.z) \qquad H_{Y(Z,t)} = \frac{Ei}{\eta}.\cos(\varpi.t - \beta.z)$$

Calcular η, ω y β.

PROBLEMA N° 04.08.33

Partiendo de la ecuación de onda con atenuación, $E_x(z,t) = E_i.e^{-\alpha z}\cos(\varpi.t - \beta.z + \varphi)\hat{a}_x$

a) Calcular el factor en que se reduce la amplitud de una onda electromagnética de radiocomunicación que experimenta una atenuación de 1 Neper. Considerar $\varpi.t = \beta.z$ y $\varphi = 0$.

b) Definir y graficar el concepto de la constante de profundidad de penetración (δ) "Delta".

PROBLEMA N° 04.09.34

En el tiempo t = 0 se cierra el interruptor para conectar un generador cuyo campo eléctrico es: $\mathbf{E_{(z,t)} = Ei\cos(2.\pi.f.t - \beta.z + \phi_1)}$ en un medio con características constantes y atenuación nula **(σ = 0).** La amplitud de la señal es Ei = 80 [V/m], La velocidad de la señal es de Kvp de la velocidad de la luz. Kvp = 0,8. La frec. del generador es f = 15 [Mhz], el ángulo de fase inicial ϕ_1 = 45 [°]. Calcular el valor instantáneo del campo eléctrico E(z,t) a una distancia z y para un tiempo t_1.

Distancia z = 7 [m] tiempo $t_1 = 10^{-07}$ [seg]

PROBLEMA N° 04.10.35

Si un medio posee una constante de profundidad de penetración δ = 1800 [m] y en él se propaga una onda de amplitud : 20 [V/m]

a) Calcular la constante de atenuación α [Néper/m]

b) Calcular el valor que toma la amplitud E(z) de la onda al recorrer la distancia d = 600 [m]

PROBLEMA N° 04.11.36

Una onda electromagnética de 250 V/m es transmitida a través de un cable coaxial de 500 metros de longitud y llega al receptor con 220 V/m.

a) Calcular la atenuación total que sufre la onda en Neper y cuál es el factor de atenuación alfa (α) en Neper/metro.

b) Calcular la atenuación total en decibeles [dB].

PROBLEMA N° 04.12.37

Si una onda electromagnética de amplitud Ei, sufre una reducción en magnitud en un factor de:

a) 10 veces.

b) 100 veces.

c) 1000 veces

al utilizar distintos medios de enlace entre un transmisor y un receptor. Calcular la atenuación de la sección en Neper para los distintos casos.

PROBLEMA N° 04.13.38

Calcular el factor de disipación de la Tierra FD_T y analizar su comportamiento para frecuencias de emisoras de radio de modulación en amplitud (0,52 Mhz a 1,6 Mhz) y para frecuencias de emisoras de radio de frecuencia modulada (88 Mhz a 108 Mhz).

La constante de conductividad promedio de la tierra $\sigma_T=10^{-3}$ Mhos/m.

La constante de permitividad dieléctrica promedio $\varepsilon_T=10\ \varepsilon o$

PROBLEMA N° 04.14.39

Hacer una gráfica del Factor de Disipación "FD" de los materiales que figuran a continuación en función de la frecuencia de la onda transmitida.

Tomar en el eje de ordenadas (y) el F.D. en escala logarítmica, en el eje de abscisas (x) la frecuencia en escala logarítmica desde 10 Hz. Hasta 10 GigaHertz.

Trazar todas las curvas en el mismo gráfico y extraer conclusiones.

a) Tierra: $\varepsilon_T=10\ \varepsilon_o$ $\sigma_T= 10^{-3}$ Mhos/m

b) Cobre: $\varepsilon_c= \varepsilon_o$ $\sigma_C= 5{,}8\text{x}10^7$ Mhos/m

c) Agua de Mar: $\varepsilon_a=80\ \varepsilon_o$ $\sigma_a = 5{,}6\text{x}10^2$ Mhos/m

d) Aluminio: $\varepsilon_{al}= \varepsilon_o$ $\sigma_{al}= 3{,}72\text{x}10^7$ Mhos/m

PROBLEMA N° 04.15.40

El campo eléctrico E asociado a una onda electromagnética está variando en el eje x, y posee una Amplitud Ex= 150 V/m. La dirección de propagación es según el eje z, y lo hace a una frecuencia de 100 Mhz, a través de un medio con las siguientes características:

Permeabilidad magnética relativa (μr) = 1

Constante dieléctrica relativa (εr) = 4

Conductividad del medio (σ) = 0.0223 [$1/\Omega$m]

Calcular:

a) Imped. Intrínseca del material (η), módulo, argumento y forma compleja.

b) Cte. De fase (β), en grados /metro y radianes /metro.

c) Cte. De atenuación (α), en Neper/metro.

d) Velocidad de la onda Vp, en metros/seg.

e) Longitud de la onda (λ), en metros.

f) Amplitud del campo magnético (H) y su relación de fase con el campo eléctrico.

g) Representar gráficamente los valores anteriores.

PROBLEMA N° 04.16.41

El campo eléctrico E asociado a una onda electromagnética está variando en el eje x, y posee una Amplitud Ex= 200 V/m. La dirección de propagación es según el eje z, y lo hace a una frecuencia de 100 Mhz, a través de un medio con las siguientes características:

Permeabilidad magnética relativa (μr) = 1

Constante dieléctrica relativa (εr) = 4

Conductividad del medio (σ) = 0.178 [1/Ωm]

Calcular:

a) Imped. Intrínseca del material (η), módulo, argumento y forma compleja.

b) Cte. De fase (β), en grados /metro y radianes /metro.

d) Cte. De atenuación (α), en Neper/metro.

e) Velocidad de la onda Vp, en metros/seg.

f) Longitud de la onda (λ), en metros.

g) Amplitud del campo magnético (H) y su relación de fase con el campo eléctrico.

h) Representar gráficamente los valores anteriores.

5. POLARIZACIÓN

PROBLEMA N° 05.01.42

Representar gráficamente los distintos tipos de polarización de la onda electromagnética y expresar las características de cada tipo.

PROBLEMA N° 05.02.43

Una onda electromagnética plana y uniforme, tiene un desplazamiento normal al plano XY. La componente Ex tiene un atraso con respecto a E y de π/4. El valor del ángulo θ referido al eje de las X es de 30º.

La amplitud de la intensidad del campo eléctrico es E= 36.10^{-2} V/m.

Se quiere saber:

a) Tipo de polarización.

b) Valores de las componentes.

c) Calcular el H total, en el vacío.

6. Vector de Poynting

PROBLEMA N° 06.01.44

Expresar simbólicamente la ecuación de conservación de la energía obtenida en el teorema de Poynting. Extraer conclusiones.

PROBLEMA N° 06.02.45

Partiendo de la ecuación de onda Incidente de campo Eléctrico y Magnético hallar los valores instantáneos, pico y medio del vector de Poynting.

PROBLEMA N° 06.03.46

Hallar el valor complejo del Vector de Poynting.

a) Densidad de Potencia activa o real.

b) Densidad de Potencia reactiva o imaginaria.

PROBLEMA N° 06.04.47

Una onda electromagnética plana y uniforme de amplitud de campo eléctrico E= 20 V/m, se propaga por un medio dieléctrico (conductividad $\sigma = 0$) que posee una permeabilidad magnética relativa de valor unitario. La velocidad de fase es Vp= $1{,}06\text{x}10^8$ [m/s] con una frecuencia F= 100 Mhz.

a) Hallar la cte. de permitividad relativa del medio εr

b) Hallar la impedancia intrínseca del medio (η)

c) Hallar la densidad de potencia de la onda Py – Poynting –

PROBLEMA N° 06.05.48

Un transmisor posee una antena omnidireccional y emite con una potencia de 20 Kw. Calcular la densidad de potencia de la onda en una antena receptora distante 50 Km de la antena transmisora.

Considerar propagación en el vacío. Hallar el valor de las componentes de campo eléctrico y magnético.

PROBLEMA N° 06.06.49

Se posee un receptor que necesita en su antena un valor mínimo de carga eléctrica de 10 mV/m. El medio en el que está es un dieléctrico cuya cte. dieléctrica relativa $\varepsilon_r=2$ y la permeabilidad magnética relativa $\mu_r=1$ y $\sigma = 0$.

a) Calcular la distancia máxima a la que se debe encontrar un transmisor que tiene una potencia de salida de 10Kw.

b) En las condiciones anteriores aparece ahora en el transmisor una atenuación de 10 dB. Calcular el valor de la densidad de potencia en el receptor para el trayecto calculado.

c) Calcular la distancia a la que se deberá ubicar la antena receptora para tener en esta nueva condición los 10mV/m.

PROBLEMA N° 06.07.50

Un transmisor de 500 W pierde 1 dB en el cable coaxil hasta la antena. El camino de propagación es una zona boscosa de gran atenuación (10 dB/50 Km). Se pide calcular el vector de Poynting a 100 Km de la antena.

7. Reflexión Perpendicular Dieléctrico/Dieléctrico

PROBLEMA N° 07.01.51

Expresar las constantes de Reflexión (Γ), y de Refracción o Transmisión (T) del campo eléctrico (Γ_E,T_E), y Campo Magnético (Γ_H,T_H) en función de las impedancias intrínsecas de los medios (η_1, η_2).

PROBLEMA N° 07.02.52

Extraer conclusiones de lo que sucede con la constante de reflexión del campo eléctrico y campo magnético cuando la impedancia intrínseca del medio 1 es mayor, menor o igual a la del medio 2.

PROBLEMA N° 07.03.53

Un radar meteorológico emite una onda electromagnética, cuyo Campo Eléctrico posee una amplitud Ei= 200 V/m y Frecuencia F= 100 Mhz.

La onda se propaga por el vacío e incide en forma perpendicular sobre la superficie plana de un dieléctrico sin pérdidas cuyos parámetros característicos son los siguientes:

- Permeabilidad magnética relativa: (μ_r)= 1
- Constante dieléctrica relativa (ε_r)=6,25
- Conductividad (σ)=0

Calcular:

a) Impedancia Intrínseca de cada medio (η_1, η_2).

b) Constante de fase de cada medio (β_1, β_2).

c) Longitud de la onda en cada medio (λ_1, λ_2).

d) Cte. de Reflexión del campo eléctrico (Γ_E) y Magnético (Γ_H).

e) Cte. de Transmisión del campo eléctrico (T_E) y Magnético (T_H).

f) Módulo del campo eléctrico reflejado (Er) y Transmitido (Et).

g) Módulo del campo Magnético incidente (Hi), Reflejado (Hr) y Transmitido (Ht).

h) Verificar los resultados anteriores, demostrando la igualdad de las densidades de potencia (Poynting) en ambos medios.

PROBLEMA N° 07.04.54

Un radar meteorológico emite una onda electromagnética, cuyo Campo Eléctrico posee una amplitud Ei= 100 V/m y Frecuencia F= 100 Mhz.

La onda se propaga por un medio dieléctrico 1, e incide en forma perpendicular sobre la superficie plana de un dieléctrico sin pérdidas; cuyos parámetros característicos son los siguientes:

Medio 1

- Permeabilidad magnética relativa: (μ_r)= 1
- Constante dieléctrica relativa (ε_r)=4
- Conductividad (σ)=0

Medio2

- Permeabilidad magnética relativa: (μ_r)= 1
- Constante dieléctrica relativa (ε_r)=12,25
- Conductividad (σ)=0

Calcular:

a) Impedancia Intrínseca de cada medio (η_1, η_2).

b) Constante de fase de cada medio (β_1, β_2).

c) Longitud de la onda en cada medio (λ_1, λ_2).

d) Cte. de Reflexión del campo eléctrico (Γ_E) y Magnético (Γ_H).

e) Cte. de Transmisión del campo eléctrico (T_E) y Magnético (T_H).

f) Módulo del campo eléctrico reflejado (Er) y Transmitido (Et).

g) Módulo del campo Magnético incidente (Hi), Reflejado (Hr) y Transmitido (Ht).

h) Verificar los resultados anteriores, demostrando la igualdad de las densidades de potencia (Poynting) en ambos medios.

PROBLEMA N° 07.05.55

Un radar meteorológico emite una onda electromagnética, cuyo Campo Eléctrico posee una amplitud Ei= 40 V/m y Frecuencia F= 200 Mhz.

La onda se propaga por un medio dieléctrico 1 de impedancia intrínseca η_1 = 250 [Ω], e incide en forma perpendicular sobre la superficie plana de un medio 2 cuyos parámetros característicos son los siguientes:

- Permeabilidad magnética relativa: (μ_{r2})= 1
- Constante dieléctrica relativa (ε_{r2})= 2,6
- Conductividad (σ_2)= 0,134 [1/Ω.m]

Calcular:

a) Factor de Disipación del Medio 2. (F.D.)

b) Impedancia Intrínseca del medio 2 en forma compleja ($\eta_2 = R + j X$).

c) Cte. de Reflexión del campo eléctrico (Γ_E)

d) Módulo y argumento del campo eléctrico reflejado (Er).

e) Distancia en grados al Campo Eléctrico Total Máximo desde la superficie de frontera.

f) Distancia en grados al Campo eléctrico Total mínimo desde la superficie de frontera.

8. REFLEXIÓN PERPENDICULAR DIELÉCTRICO/COND. PERF.

PROBLEMA N° 08.01.56

Expresar simbólicamente las ecuaciones del campo eléctrico total $\mathbf{E_T}$ y campo magnético total $\mathbf{H_T}$ en un medio dieléctrico, cuando la onda electromagnética polarizada en el eje X, se propaga en la dirección Z e incide en forma perpendicular sobre un medio conductor perfecto.

a) Hacer una tabla de valores para el campo eléctrico total $\mathbf{E_T}$ y campo magnético total $\mathbf{H_T}$ con valores de $\boldsymbol{\beta z}$ entre **0** y $\boldsymbol{2\pi}$ en pasos de $\boldsymbol{\pi/4}$. Dar valores a $\boldsymbol{\omega t}$ comprendidos entre **0** y $\boldsymbol{2\pi}$ en pasos de $\boldsymbol{\pi/4}$.

$\boldsymbol{\omega t = 0}$

βz	0	$\pi/4$	$2\pi/4$	$3\pi/4$	π	$5\pi/4$	$6\pi/4$	$7\pi/4$	2π
E_T									

H_T									

b) Graficar el campo eléctrico total $\mathbf{E}_T$ que corresponde a las tablas generadas en a).

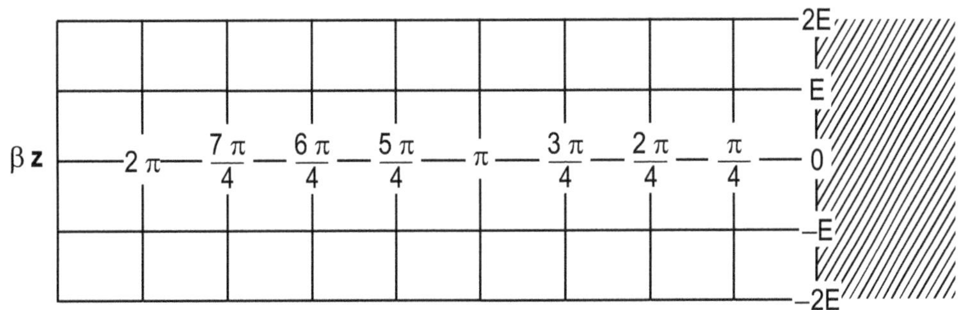

c) Graficar el campo magnético total $\mathbf{H}_T$ que corresponde a las tablas generadas en a).

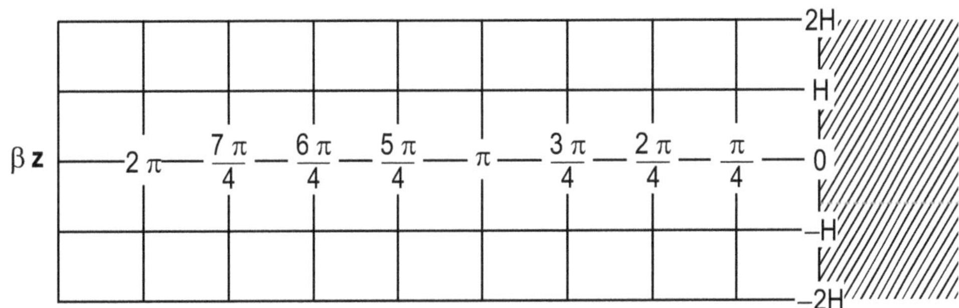

PROBLEMA N° 08.02.57

Calcular analíticamente el módulo y argumento del coeficiente de reflexión (Γ_E), conociendo las impedancias intrínsecas de ambos medios y calcular la R.O.E. (Relación de Onda Estacionaria).

$$\Gamma_E = \frac{\eta_2 - \eta_1}{\eta_2 + \eta_1}$$

Aplicando:

a) $\eta_1 = 377\Omega$
$\eta_2 = (490 + j490)\Omega$

b) $\eta_1 = 377\Omega$
$\eta_2 = (98,02 + j75,4)\Omega$

c) $\eta_1 = 377\Omega$
$\eta_2 = (226,2 - j188,5)\Omega$

d) $\eta_1 = 377\Omega$
$\eta_2 = (452,4 - j829,4)\Omega$

PROBLEMA N° 08.03.58

Calcular analíticamente y expresar en forma compleja el valor de la impedancia intrínseca del medio 2 (η_2), conociendo el módulo y el argumento del coeficiente de reflexión (Γ_E) y conociendo la impedancia intrínseca del medio 1 (η_1).

$$\Gamma_E = \frac{\eta_2 - \eta_1}{\eta_2 + \eta_1}$$

Aplicando:

a) $\eta_1 = 377\Omega$, $[\Gamma_E] = 0,5$, $\theta_{\Gamma E} = 45°$

b) $\eta_1 = 377\Omega$, $[\Gamma_E] = 0,3$, $\theta_{\Gamma E} = 150°$

c) $\eta_1 = 377\Omega$, $[\Gamma_E] = 0,45$, $\theta_{\Gamma E} = -80°$

d) $\eta_1 = 377\Omega$, $[\Gamma_E] = 0,6$, $\theta_{\Gamma E} = -150°$

9. Cálculo Analítico y Gráfico del Campo Total en Reflexión Normal

PROBLEMA N° 09.01.59

a) Expresar la formula analítica para sumar dos vectores que no son perpendiculares (Teorema del coseno).

b) Graficar a escala con E_i = 5 cm, los vectores E_i (Campo Incidente); E_r (Campo Reflejado) y E_T (Campo Total) para un coeficiente de reflexión $[\Gamma] = 0,6$ y $\theta_\Gamma = 45$ [°].

c) Si E_i = 90 [V/m] cuánto vale E_T.

d) Con los valores de $[\Gamma]$ y θ_Γ dados, ¿Cuánto vale la R.O.E.?

PROBLEMA N° 09.02.60

Expresar la fórmula de la Relación de Onda Estacionaria (R.O.E.)

a) En función de las tensiones máximas y mínimas.

b) En función del coeficiente de reflexión (Γ_E).

c) Si Ei = 80 [V/m] y Er = 40 [V/m] cuánto vale la R.O.E.?

d) Si $[\Gamma] = 0,5$ y $\theta_\Gamma = 125$ [°] cuánto vale la R.O.E.?

PROBLEMA N° 09.03.61

Explicar brevemente el fundamento del Diagrama de Crank.

PROBLEMA N° 09.04.62

Trazar los modelos de onda estacionaria del campo Eléctrico o distribución del campo eléctrico por medio del diagrama de Crank. Calcular la Relación de Onda Estacionaria (R.O.E.) y las distancias al máximo y al mínimo en Grados, Long. de Onda y en Metros . Realizar en cuatro (4) Diagramas de Crank distintos, completando todos los valores de los Diagramas.

a) $\eta_1 = 377\Omega$
$\eta_2 = (490 + j490)\Omega$
$E_i = 100[V/m]$
$F = 3x10^8[Hz]$
$F_{vp} = 0,92$

b) $\eta_1 = 377\Omega$
$\eta_2 = (98,02 + j75,4)\Omega$
$E_i = 200[V/m]$
$F = 10^8[Hz]$
$F_{vp} = 0,95$

c) $\eta_1 = 377\Omega$
$\eta_2 = (226,2 - j188,5)\Omega$
$E_i = 150[V/m]$
$F = 2x10^8[Hz]$
$F_{vp} = 0,92$

d) $\eta_1 = 377\Omega$
$\eta_2 - (452,4 - j829,4)\Omega$
$E_i = 100[V/m]$
$F = 1,5x10^8[Hz]$
$F_{vp} = 0,95$

PROBLEMA N° 09.05.63

Una onda electromagnética se propaga por un medio de impedancia intrínseca $\eta_1 = 75\ [\Omega]$ e incide en forma perpendicular sobre un medio 2 cuyas constantes están debajo. ¿Qué distancia en longitudes de onda y en grados hay desde la superficie de frontera al campo Eléctrico total mínimo ($\mathbf{E}_{\text{Tmín}}$) para una frecuencia de 10 Mhz.? Calcular en primer término el Factor de Disipación (FD).

Medio2 Permeabilidad magnética relativa: $(\mu_{r2}) = 1$
Constante dieléctrica relativa $(\varepsilon_{r2}) = 2,75$
Conductividad $(\sigma_2) = 0,0346$

PROBLEMA N° 09.06.64

Conociendo la impedancia normalizada Zn en la frontera de un medio con reflexión, se solicita calcular la distancia al máximo y al mínimo de campo eléctrico total en longitudes de onda y en grados desde la impedancia dada. Representarla en el Diagrama de Crank tanto en la parte superior con módulo y argumento del coeficiente de reflexión y el Campo Total como en la parte inferior en función de la distancia.

Zn = 0,84 - j 0,75

PROBLEMA N° 09.07.65

Partiendo de la ecuación del coeficiente de reflexión (Γ_E) en función de las impedancias intrínsecas de los medios, hallar las ecuaciones de circunferencia de la parte real (r) e imaginaria (x) de la impedancia intrínseca normalizada del medio 2.

$$\Gamma_E = u + jv = \frac{\eta_2 - \eta_1}{\eta_2 + \eta_1} \qquad \frac{\eta_2}{\eta_1} = z_{n2} = r + jx$$

PROBLEMA N° 09.08.66

Partiendo de la expresión de la parte real de la impedancia intrínseca normalizada:

$$\left(u - \frac{r}{r+1}\right)^2 + (v-0)^2 = \left(\frac{1}{r+1}\right)^2$$

a) Dar valores a r = 0 ; 0,2 ; 0,5 ; 1 ; 2 ; 5 ; ∞.

b) Confeccionar una tabla y trazar la familia de curvas sobre el diagrama del coeficiente de reflexión constante (u, jv).

c) Extraer conclusiones.

PROBLEMA N° 09.09.67

Partiendo de la expresión de la parte imaginaria de la impedancia intrínseca normalizada:

$$(u-1)^2 + \left(v - \frac{1}{x}\right)^2 = \left(\frac{1}{x}\right)^2$$

a) Dar valores a x = 0 ; +1;-1;+2;-2;+5;-5;+∞;-∞.

b) Confeccionar una tabla y trazar la familia de curvas sobre el mismo diagrama del ejercicio anterior.

c) Extraer conclusiones.

PROBLEMA N° 09.10.68

Encontrar el módulo y el argumento del coeficiente de reflexión (Γ_E), por medio del **ábaco de Smith**, Marcar Coeficiente de Reflexión y ROE en las correspondientes escalas, conociendo la impedancia intrínseca de ambos medios, con los siguientes datos:

a) $\eta_1 = 377\Omega$, $\eta_2 = (490 + j490)\Omega$

b) $\eta_1 = 377\Omega$, $\eta_2 = (98,02 + j75,4)\Omega$

c) $\eta_1 = 377\Omega$, $\eta_2 = (226,2 - j188,5)\Omega$

d) $\eta_1 = 377\Omega$, $\eta_2 = (452,4 - j829,4)\Omega$

PROBLEMA N° 09.11.69

Expresar en forma compleja el valor de la impedancia intrínseca del medio 2, siendo el medio 1 el vacío, hallando los valores por medio del **ábaco de Smith**, representar la ROE en la escala radial y en el eje de parte real de la impedancia que va de 1 a infinito con los siguientes datos:

a) $\eta_1 = 377\Omega$, $[\Gamma_E] = 0{,}5$, $\theta_\Gamma = 45°$

b) $\eta_1 = 377\Omega$, $[\Gamma_E] = 0{,}3$, $\theta_\Gamma = 150°$

c) $\eta_1 = 377\Omega$, $[\Gamma_E] = 0{,}45$, $\theta_\Gamma = -80°$

d) $\eta_1 = 377\Omega$, $[\Gamma_E] = 0{,}6$, $\theta_\Gamma = -150°$

PROBLEMA N° 09.12.70

Partiendo de los valores de cada una de las impedancias siguientes calcular y hacer una tabla de tres filas y 9 columnas para cada uno de los siguientes puntos:

a) Impedancia normalizada Zn y total Z_T cada 0,0625 λ desde la superficie de frontera hasta 0,5 λ.

   a) $\eta_1 = 377\Omega$, $\eta_2 = (226,2 + j414,7)\Omega$

b) Admitancia normalizada Yn y total Y_T cada 0,0625 λ desde la superficie de frontera hasta 0,5 λ.

   b) $\eta_1 = 377\Omega$, $\eta_2 = (527,8 + j339,3)\Omega$

PROBLEMA N° 09.13.71

En un medio con reflexión perpendicular, se mide una impedancia η_a muy próxima a la superficie de frontera (carga); en otro punto del mismo medio, yendo hacia el generador, se mide otra impedancia η_b. Representar en el **ábaco de Smith** ambas impedancias y calcular la distancia entre ambas en longitudes de onda [λ] , si la impedancia intrínseca η_1 del medio es 377 [Ω].

η_a = 226,2 - j 226,2 $\qquad\qquad$ η_b = 175,13 + j 128,34

PROBLEMA N° 09.14.72

En un medio con reflexión perpendicular, se mide una impedancia η_a muy próxima al generador; en otro punto del mismo medio, yendo hacia la superficie de frontera (carga), se mide otra impedancia η_b. Representar en el **ábaco de Smith** ambas impedancias y calcular la distancia entre ambas en longitudes de onda [λ] , si la impedancia intrínseca η_1 del medio es 377 [Ω].

η_a = 256,30 + j 330,46 $\qquad\qquad$ η_b = 165,88 – j 188,50

10. Reflexión Oblicua

PROBLEMA N° 10.01.73

Una onda plana que se propaga por el vacío, posee una dirección S de propagación y su versor normal ñ a las superficies equifásicas, forma los siguientes ángulos con los ejes:

A=90° con respecto a X, B=30° con respecto a Y, C=60° con respecto a Z.

a) Expresar el versor normal ñ en función de los cosenos directores y graficar la dirección S a escala.

b) Expresar la ecuación del campo eléctrico total cuya amplitud máxima es 100 V/m y frec. 100 Mhz, en función de x, y, z , t (parte real).

c) Calcular el campo para:

x=0	y=0	z=0	t=0
x=0	y=3,465m	z=0	t=0
x=0	y=0	z=6m	t=0

d) Trazar los planos equifásicos de los puntos mencionados en c), sobre el gráfico pedido en a).

e) Extraiga conclusiones, en función de las distancias recorridas por la onda en la dirección S, x, y, z.

PROBLEMA N° 10.02.74

Realizar un gráfico para analizar las longitudes de la onda en reflexión oblicua, analizar la velocidad de fase en distintas direcciones y compararlas con la velocidad de la onda en una dirección normal a los planos equifásicos.

PROBLEMA N° 10.03.75

Expresar la ecuación de la parte real del campo eléctrico total de una onda con reflexión oblicua sobre un conductor perfecto, con polarización perpendicular.

a) Graficar el campo eléctrico total para wt= 0

- $B_Y Y$ entre 0 y π en pasos de $\pi/4$ (en el eje vertical).
- $B_Z Z$ entre 0 y 2π en pasos de $\pi/2$ (en el eje horizontal)

b) Idem para $wt = \pi/2$; $wt = 3\pi/4$; $wt = \pi$

c) Extraiga conclusiones respecto al comportamiento de la onda en los distintos ejes.

11. GUÍAS DE ONDAS

PROBLEMA N° 11.01.76

a) Expresar las ecuaciones para las distintas componentes del campo eléctrico y magnético para el modo transversal eléctrico TE. **(Ex,Ey,Hx,Hy,Hz) Ez=0**

b) Expresar las ecuaciones para las distintas componentes del campo eléctrico y magnético para el modo transversal magnético TM. **(Ex,Ey,Ez,Hx,Hy) Hz=0**

c) Expresar la ecuación para calcular la frecuencia de corte de una guía rectangular.

PROBLEMA N° 11.02.77

Dadas dos guías de ondas rectangulares con los mismos perímetros interiores como sigue, comparar sus frecuencias de corte para el modo TM_{11} y luego para el modo TM_{12}.

a) a=0,9 pulg. b= 0,4 pulg. 1 pulg. = 0,0254 metros

b) a = b = 0,65

PROBLEMA N° 11.03.78

Encontrar las dimensiones de la guía de ondas más pequeña, cuadrada, llena de aire que apenas propague el modo TM_{11} a las frecuencias:

a) 10 Ghz

b) 10 Mhz

c) 10 Khz

PROBLEMA N° 11.04.79

Una guía de onda rectangular y llena de aire cuyas dimensiones son: a=0,9 pulg. , b=0,4 pulg.; opera en el modo TM11 a 20 Ghz.

Determinar:

a) la constante de fase β.

b) La longitud de la onda en las distintas direcciones (λ, λz , λg)

c) La velocidad de fase Vz y la de grupo Vg.

d) Comparar las respuestas anteriores con las que se obtienen para una onda plana en el espacio vacío sin límites.

PROBLEMA N° 11.05.80

Resolver el problema anterior, suponiendo que la guía de ondas está rellena con un material dieléctrico sin pérdidas con ε_r=4.

PROBLEMA N° 11.06.81

Dadas 6 dimensiones de guías de ondas standard (rectangulares) de la carta de Hewlett Packard, comprobar sus frecuencias de corte para el modo dominante TE_{10}.

a) $2,84\ pulg.\times 1,34\ pulg.$ $(7,214\ cm\times 3,404\ cm)$ **Banda S**

b) $1,59\ pulg.\times 0,759\ pulg.$ $(4,039\ cm\times 1,928\ cm)$ **Banda C**

c) $0,90\ pulg.\times 0,40\ pulg.$ $(2,286\ cm\times 1,016\ cm)$ **Banda X**

d) $0,622\ pulg.\times 0,311\ pulg.$ $(1,580\ cm\times 0,790\ cm)$ **Banda P**

e) $0,280\ pulg.\times 0,140\ pulg.$ $(0,711\ cm\times 0,356\ cm)$ **Banda R**

f) $0,148\ pulg.\times 0,074\ pulg.$ $(0,3759\ cm\times 0,1879\ cm)$ **Banda V**

12. LÍNEAS DE TRANSMISIÓN

PROBLEMA N° 12.01.82

Calcular el coeficiente de reflexión de la carga (Γ_R) y del generador (Γ_G) de una línea de transmisión cuya resistencia de carga RL = 3 Ro y la resistencia interna del generador RG = 0. La tensión del generador es continua (y tarda un tiempo T en llegar a la carga).

Trazar en un sistema de ejes coordenados la variación de tensión en la carga debida a las sucesivas reflexiones en un tiempo t = 7 T. Extraer conclusiones.

PROBLEMA N° 12.02.83

Idem al anterior para $R_L = \infty$, $R_G = 3\ R_0$. Extraer conclusiones.

PROBLEMA N° 12.03.84

Idem al anterior para $R_L = 0$, $R_G = 3\ R_0$ .Extraer conclusiones.

PROBLEMA N° 12.04.85

Expresar la ecuación de la impedancia de entrada de una sección de línea de transmisión sin pérdida en función de Z_R, Z_0, β y d.

PROBLEMA N° 12.05.86

Hacer un esquema que represente los cálculos de Impedancias (Z) y de Admitancias (Y) para:

a) Resistencia, Bobina y Capacitor (1 elemento en forma individual)
b) Resistencia y Bobina (2 elementos en serie y en paralelo)
c) Resistencia y Capacitor (2 elementos en serie y en paralelo)
d) Resistencia, bobina y capacitor (3 elementos en serie y en paralelo)
e) Realizar un circulo con radio de 5 cm que represente el ábaco de Smith, marcar parte real igual a 1; parte imaginaria igual a 1 y -1 y dibujar en él los puntos a); b) y c).

PROBLEMA N° 12.06.87

Desarrolle a partir de un cuadripolo simétrico con parámetros concentrados (Z_1 y Z_2) cómo encuentra la fórmula de impedancia característica Z_0.

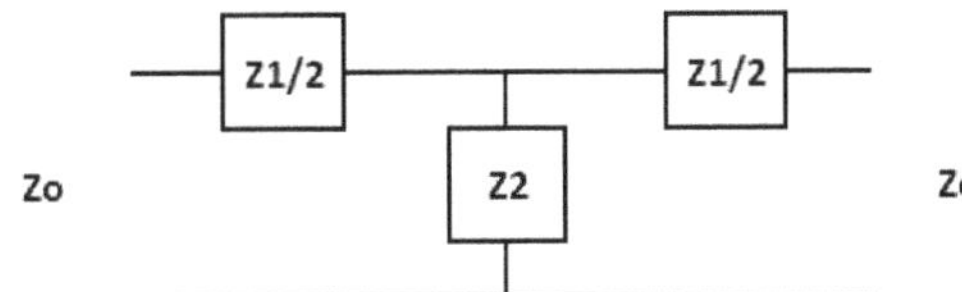

PROBLEMA N° 12.07.88

Calcular la impedancia característica Z_0 de un cuadripolo simétrico con parámetros concentrados (Z_1 y Z_2). Verificar que se cumple.

$Z_1 =$ 810 [Ω] $Z_2 =$ 520 [Ω]

Z1/2 Z1/2
Zo Z2 Zo

PROBLEMA N° 12.08.89

Dada una línea de transmisión con impedancia característica Zo , un generador de 100 V/300 Mhz y una carga Z_R que tiene: una Resistencia R y una inductancia L. El factor de velocidad en la línea de transmisión es $F_V = 0{,}95$.

Calcular coeficiente de reflexión Γ (Mod.,Arg.) y la Relación de onda estacionaria de la Línea R.O.E.

Zo = 75 [Ω]

R = 150 [Ω]

L = 0,0796 [μHy]

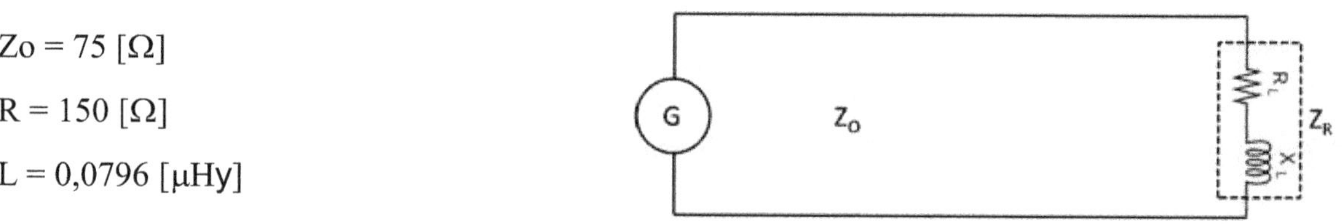

PROBLEMA N° 12.09.90

Dada una línea de transmisión con impedancia característica Zo , un generador de 100 V/300 Mhz y una carga Z_R que tiene: una Resistencia R y un capacitor C. El factor de velocidad en la línea de transmisión es $F_V = 0{,}95$.

Calcular coeficiente de reflexión Γ (Mod.,Arg.) y la Relación de onda estacionaria de la Línea R.O.E.

Zo = 75 [Ω]

R = 150 [Ω]

C = 3,929 [pF]

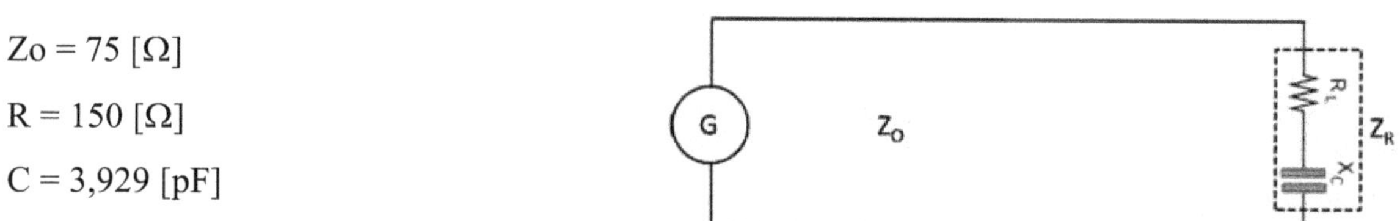

PROBLEMA N° 12.10.91

Dada una línea de transmisión de impedancia característica Z_O y una impedancia de carga Z_R, calcular las admitancias normalizadas cada 0,0625 λ , partiendo desde la carga hasta λ/2 de la carga.

Aplicar la formula analítica en los puntos 2 y 6 y comprobar los resultados en el ábaco. Aplicar un recurso informático diseñado en Excel.

Datos:

$$Z_0 = 50\,[\Omega]$$

$$Z_R = 150\,[\Omega]$$

1	2	3	4	5	6	7	8	9
Yr	0,0625 λ	0,125 λ	0,1875 λ	0,25 λ	0,3125 λ	0,375 λ	0,4375 λ	0,5 λ

PROBLEMA N° 12.11.92

Dada una línea de transmisión de impedancia característica Z_O y una impedancia de carga Z_R, calcular las admitancias normalizadas cada 0,0625 λ , partiendo desde la carga hasta λ/2 de la carga.

Aplicar la formula analítica en los puntos 3 y 7 y comprobar los resultados en el ábaco.

Datos:

$$Z_0 = 300\,[\Omega]$$

$$Z_R = 600\,[\Omega]$$

1	2	3	4	5	6	7	8	9
Yr	0,0625 λ	0,125 λ	0,1875 λ	0,25 λ	0,3125 λ	0,375 λ	0,4375 λ	0,5 λ

PROBLEMA N° 12.12.93

Dada una línea de transmisión de impedancia característica Z_O y una impedancia de carga Z_R, calcular las admitancias normalizadas cada 0,0625 λ , partiendo desde la carga hasta λ/2 de la carga.

Aplicar la formula analítica en los puntos 4 y 8 y comprobar los resultados en el ábaco.

Datos:

$$Z_0 = 75\,[\Omega]$$

$$Z_R = 0\,[\Omega]$$

1	2	3	4	5	6	7	8	9
Yr	0,0625 λ	0,125 λ	0,1875 λ	0,25 λ	0,3125 λ	0,375 λ	0,4375 λ	0,5 λ

PROBLEMA N° 12.13.94

Dada una línea de transmisión de impedancia característica Z_O y una impedancia de carga Z_R, calcular las admitancias normalizadas cada 0,0625 λ , partiendo desde la carga hasta λ/2 de la carga.

Aplicar la formula analítica en los puntos 4 y 7 y comprobar los resultados en el ábaco.

Datos:

$$Z_0 = 50\ [\Omega]$$

$$Z_R = \infty\ [\Omega]$$

1	2	3	4	5	6	7	8	9
Yr	0,0625 λ	0,125 λ	0,1875 λ	0,25 λ	0,3125 λ	0,375 λ	0,4375 λ	0,5 λ

PROBLEMA N° 12.14.95

Se mide una impedancia de carga entre las frecuencias de 30 Mhz y 100 Mhz, dando los siguientes valores:

1	30 Mhz	Z_1 = 12+j 5 Ω
2	40 Mhz	Z_2 = 9+j 13 Ω
3	50 Mhz	Z_3 = 7,5+j 22 Ω
4	60 Mhz	Z_4 = 10+j 33 Ω

5	70 Mhz	Z_5 = 15+j 40 Ω
6	80 Mhz	Z_6 = 22,5+j 50 Ω
7	90 Mhz	Z_7 = 35+j 60 Ω
8	100 Mhz	Z_8 = 50+j 70 Ω

Normalizar los valores para Z_0 = 50 [Ω]

a) Graficar en el ábaco de Smith la impedancia normalizada para las distintas frecuencias y unir los puntos.

b) Idem para admitancias de carga normalizadas, en el mismo ábaco.

PROBLEMA N° 12.15.96

Se posee una línea de transmisión cuya impedancia característica Z_0 = 300 [Ω] con un generador en los bornes de entrada de V = 30 V/ 100 Mhz.

Si la impedancia de carga Z_R = 210 - j 60 [Ω], calcular:

a) Coeficiente de Reflexión en la carga (módulo y argumento).

b) Relación de Onda Estacionaria (R.O.E.)

c) Distancias a las tensiones máximas y mínimas.

d) Distribución de tensión en λ/2 de la línea, partiendo desde la carga.

PROBLEMA N° 12.16.97

Se posee una línea de transmisión cuya impedancia característica $Z_0 = 75$ [Ω] con un generador en los bornes de entrada de V = 50 V/ 300 Mhz.

Si la impedancia de carga $Z_R = 52.5 + j\ 52.5$ [Ω], calcular:

a) Coeficiente de Reflexión en la carga (módulo y argumento).

b) Relación de Onda Estacionaria (R.O.E.)

c) Distancias a las tensiones máximas y mínimas.

d) Distribución de tensión en $\lambda/2$ de la línea, partiendo desde la carga.

13. ADAPTACIÓN DE LÍNEAS DE TRANSMISIÓN

PROBLEMA N° 13.01.98

Se dispone de una línea de transmisión en corto circuito (Stub c.c.) que a la frecuencia $F_1 = 240$ Mhz sus dimensiones expresadas en longitud de onda es igual a 0,4518 λ.

a) Calcular su longitud en metros y su susceptancia a la Frecuencia F_1.

Si la frecuencia cambia a $F_2 = 150$ Mhz, calcular:

b) La nueva susceptancia que presenta dicho Stub a la frecuencia F_2.

Expresar analíticamente y graficar en el ábaco todos los pasos realizados para encontrar el valor de la susceptancia.

PROBLEMA N° 13.02.99

Se dispone de una línea de transmisión en circuito abierto (Stub c.a.) que a la frecuencia $F_1 = 250$ Mhz sus dimensiones expresadas en longitud de onda es igual a 0,3487 λ.

a) Calcular su longitud en metros y su susceptancia a la Frecuencia F_1.

Si la frecuencia cambia a $F_2 = 200$ Mhz, calcular:

b) La nueva susceptancia que presenta dicho Stub a la frecuencia F_2.

Expresar analíticamente y graficar en el ábaco todos los pasos realizados para encontrar el valor de la susceptancia.

PROBLEMA N° 13.03.100

Adaptar con un ramal sintonizador "stub", una línea de transmisión cuya impedancia característica es Z_O y la impedancia de carga es Z_R.

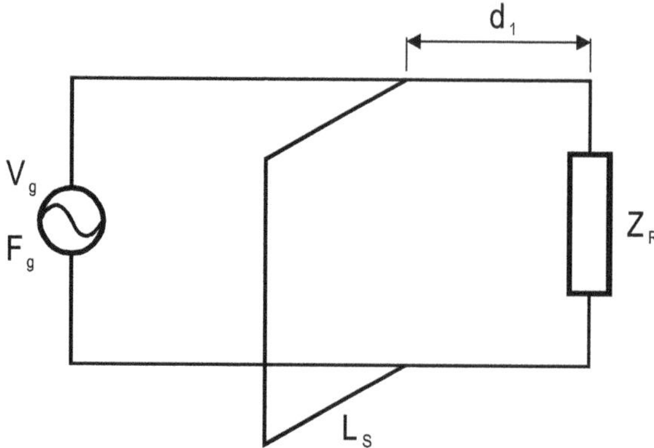

El generador es de una tensión V_g y una frecuencia F_g. La velocidad de propagación de la señal es v_p.

Datos

$$Z_0 = 300\,[\Omega]$$

$$Z_R = 210 - j60\,[\Omega]$$

$$V_g = 30\,[V]$$

$$F_g = 100\,[Mhz]$$

$$v_p = 3{,}0E+8\left[\frac{m}{seg}\right]$$

Calcular:

a) Distancia entre la impedancia de carga Z_R y el punto de conexión del stub (d1).

b) Coeficiente de reflexión en la carga Γ_R.

c) Relación de onda estacionaria en la carga ROE_R.

d) Longitud del stub L_{S1} , en long. de onda [λ] y en metros [m].

e) Susceptancia normalizada del stub jb_{S1}.

f) Coeficiente de reflexión y R.O.E. en la sección adaptada.

PROBLEMA N° 13.04.101

Adaptar con un ramal sintonizador "stub", una línea de transmisión cuya impedancia característica es Z_O y la impedancia de carga es Z_R.

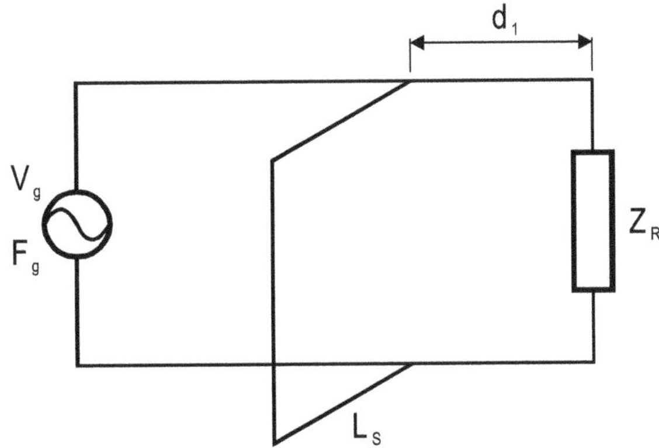

El generador es de una tensión V_g y una frecuencia F_g . La velocidad de propagación de la señal es v_p .

Datos

$$Z_0 = 300\,[\Omega]$$

$$Z_R = 75\,[\Omega]$$

$$V_g = 50\,[V]$$

$$F_g = 100\,[Mhz]$$

$$v_p = 3{,}0E+8\left[\frac{m}{seg}\right]$$

Calcular:

a) Distancia entre la impedancia de carga Z_R y el punto de conexión del stub (d_1).

b) Coeficiente de reflexión en la carga Γ_R.

c) Relación de onda estacionaria en la carga ROE_R.

d) Longitud del stub L_S , en long. de onda [λ] y en metros [m].

e) Susceptancia normalizada del stub jb_S.

f) Coeficiente de reflexión y R.O.E. en la sección adaptada.

PROBLEMA N° 13.05.102

Dada una línea de transmisión con impedancia característica Z_O=50 Ω, un generador de 100V/300Mhz y con un stub de largo de 15 cm (L_S) separado de la carga λ/8 (d_1). Calcular la impedancia de carga (Z_R).

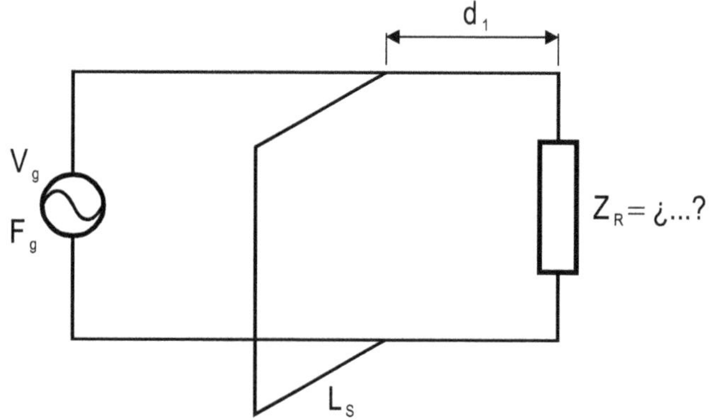

Datos

$$Z_0 = 50\,[\Omega]$$

$$Z_R = ?\,[\Omega]$$

$$V_g = 100\,[V]$$

$$F_g = 300\,[Mhz]$$

$$v_p = 3{,}0E+8\left[\frac{m}{seg}\right]$$

PROBLEMA N° 13.06.103

Se dispone de una línea de transmisión con impedancia característica Zo , un generador G, una impedancia de carga Z_R que no varía sustancialmente con la Frecuencia y un stub en corto circuito que adapta la Línea de Transmisión en la carga a la Frecuencia F_1. El Generador permite usar dos Frecuencias: F_1 y F_2. El factor de velocidad en la línea de transmisión es siempre $F_V = 1$.

Zo = 75 [Ω]

Frec. Gen. F_1 = 300 [Mhz]

Tensión Gen. = 100 [V]

L_{S1} = 0,42 [m]

Calcular la Relación de Onda Estacionaria de la Línea ($R.O.E._{GF2}$) en el Generador para una Frecuencia Gen. F_2 = 334 [Mhz].

PROBLEMA N° 13.07.104

Se dispone de una línea de transmisión con impedancia característica es Zo , un generador G, una impedancia de carga Z_R que no varía sustancialmente con la Frecuencia y un stub en corto circuito que adapta la Línea de Transmisión en la carga a la Frecuencia F_1. El Generador permite usar dos Frecuencias: F_1 y F_2. El factor de velocidad en la línea de transmisión es siempre $F_V = 1$.

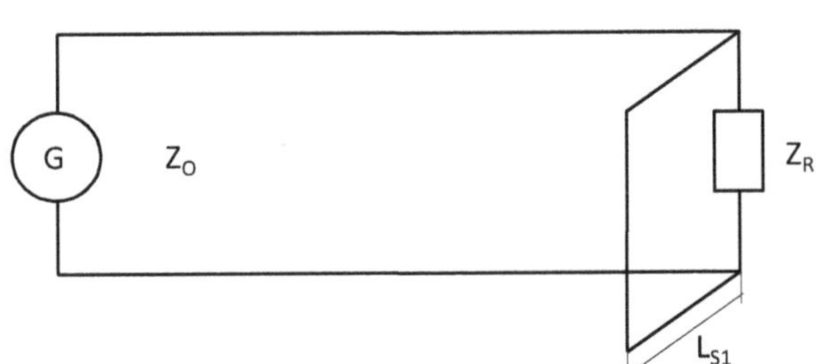

Zo = 75 [Ω]

Frec. Gen. F_1 = 300 [Mhz]

Tensión Gen. = 100 [V]

L_{S1} = 0,38[m]

Calcular la Relación de Onda Estacionaria de la Línea (R.O.E.$_{GF2}$) en el Generador para una Frecuencia Gen. F_2 = 317 [Mhz].

PROBLEMA N° 13.08.105

Adaptar con dos stub separados una distancia d_{ES} , una línea de transmisión cuya impedancia característica es Z_O y la impedancia de carga es Z_R.

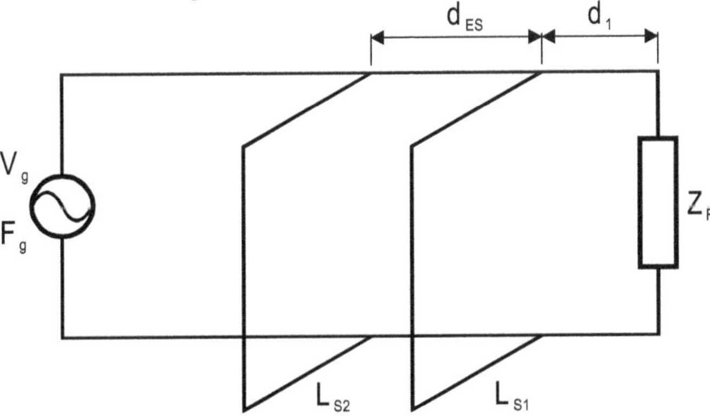

El **R.O.E.** entre los stubs es el **ROE ES.** El generador es de una tensión V_g y frecuencia F_g . La velocidad de propagación de la señal es v_p .

Datos

$$Z_0 = 50\,[\Omega]$$

$$d_{ES} = \frac{3}{8}\,[\lambda]$$

$$ROE_{ES} = 6$$

$$Z_R = 50 - j\,50\,[\Omega]$$

$$V_g = 100\,[V]$$

$$F_g = 300\,[Mhz]$$

$$v_p = 3{,}0\,E + 8\left[\frac{m}{seg}\right]$$

Calcular:

a) Distancia entre la impedancia de carga Z_R y el punto de conexión del 1er stub (d1).

b) Coeficiente de reflexión en la carga Γ_R.

c) Relación de onda estacionaria en la carga ROE_R.

d) Longitud de cada stub L_{S1} y L_{S2}, en long. de onda [λ] y en metros [m].

e) Susceptancia normalizada de cada stub jb_{S1} y jb_{S2}.

PROBLEMA N° 13.09.106

Adaptar con dos stub separados una distancia d_{ES}, una línea de transmisión cuya impedancia característica es Z_O y la impedancia de carga es Z_R .

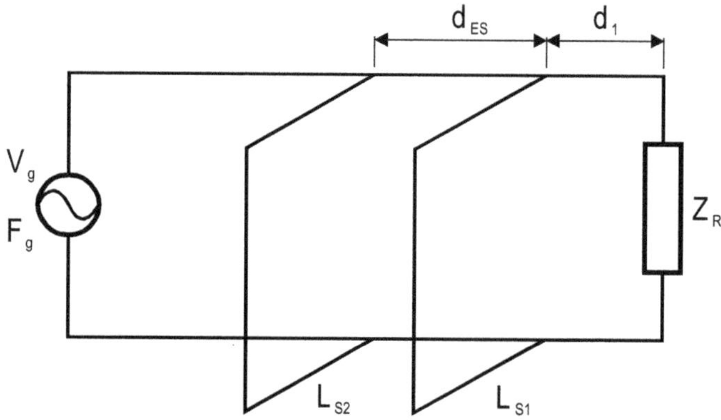

El **R.O.E.** entre los stubs es el **ROE ES.** El generador es de una tensión V_g y frecuencia F_g . La velocidad de propagación de la señal es v_p .

Datos

$$Z_0 = 75\,[\Omega]$$

$$d_{ES} = \frac{3}{8}\,[\lambda]$$

$$ROE_{ES} = 8{,}5$$

$$Z_R = 45 + j60\,[\Omega]$$

$$V_g = 150\,[V]$$

$$F_g = 100\,[Mhz]$$

$$v_p = 3{,}0E+8\left[\frac{m}{seg}\right]$$

Calcular:

a) Distancia entre la impedancia de carga Z_R y el punto de conexión del 1er stub (**d1**).

b) Coeficiente de reflexión en la carga $\mathbf{\Gamma_R}$.

c) Relación de onda estacionaria en la carga $\mathbf{ROE_R}$.

d) Longitud de cada stub $\mathbf{L_{S1}}$ y $\mathbf{L_{S2}}$, en long. de onda [λ] y en metros [m].

e) Susceptancia normalizada de cada stub $\mathbf{jb_{S1}}$ y $\mathbf{jb_{S2}}$.

PROBLEMA N° 13.10.107

Adaptar con dos stub separados una distancia d_{ES} , una línea de transmisión cuya impedancia característica es Z_O y la impedancia de carga es Z_R .

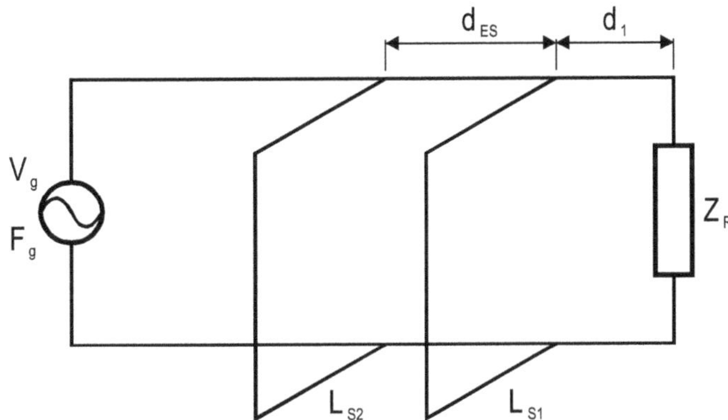

El **R.O.E.** entre los stubs es el **ROE ES.** El generador es de una tensión V_g y frecuencia F_g . La velocidad de propagación de la señal es v_p .

Datos

$$Z_0 = 75\,[\Omega]$$

$$d_{ES} = \frac{3}{8}\,[\lambda]$$

$$ROE_{ES} = 6$$

$$Z_R = 120 - j30\,[\Omega]$$

$$V_g = 150\,[V]$$

$$F_g = 400\,[Mhz]$$

$$v_p = 3{,}0\,E+8\left[\frac{m}{seg}\right]$$

Calcular:

a) Distancia entre la impedancia de carga Z_R y el punto de conexión del 1er stub (**d1**).
b) Coeficiente de reflexión en la carga $\mathbf{\Gamma_R}$.
c) Relación de onda estacionaria en la carga $\mathbf{ROE_R}$.
d) Longitud de cada stub $\mathbf{L_{S1}}$ y $\mathbf{L_{S2}}$, en long. de onda [λ] y en metros [m].
e) Susceptancia normalizada de cada stub $\mathbf{jb_{S1}}$ y $\mathbf{jb_{S2}}$.

PROBLEMA N° 13.11.108

Se posee una línea de trasmisión de impedancia característica Z_O, adaptada con dos ramales sintonizadores "stubs" separados una distancia d_{ES}.

Se conoce el largo del primer stub indicado por L_{S1} y se encuentra a una distancia d1 de la impedancia de carga Z_R.

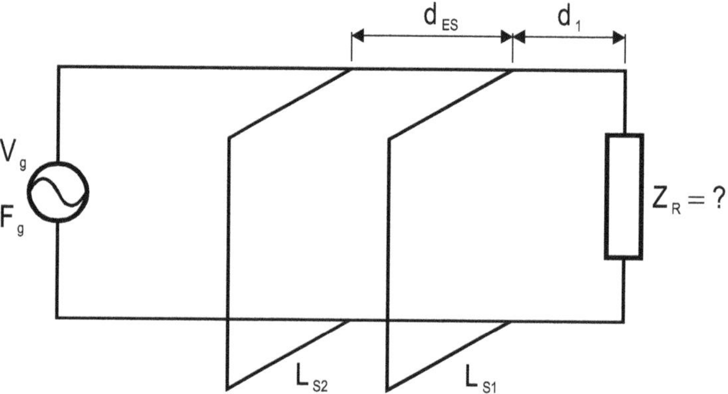

El **R.O.E.** entre los stubs es el **ROE** $_{\mathbf{ES}}$. El generador es de una tensión V_g y frecuencia F_g . La velocidad de propagación de la señal es v_p .

Datos

$$Z_0 = 75\ [\Omega]$$

$$d_{ES} = \frac{3}{8}\ [\lambda]$$

$$ROE_{ES} = 4$$

$$L_{S1} = 6{,}66\ [cm]$$

$$d_1 = 20{,}28\ [cm]$$

$$V_g = 100\ [\Omega]$$

$$F_g = 500\ [Mhz]$$

$$v_p = 3{,}0E+8 \left[\frac{m}{seg}\right]$$

Calcular:

a) Impedancia de carga Z_R .

b) Coeficiente de reflexión en la carga Γ_R.

c) Relación de onda estacionaria en la carga ROE_R.

d) Largo del segundo stub L_{S2}.

PROBLEMA N° 13.12.109

Se posee una línea de trasmisión de impedancia característica Z_O, adaptada con dos ramales sintonizadores "stubs" separados una distancia d_{ES}.

Se conoce el largo del primer stub indicado por L_{S1} y se encuentra a una distancia d1 de la impedancia de carga Z_R.

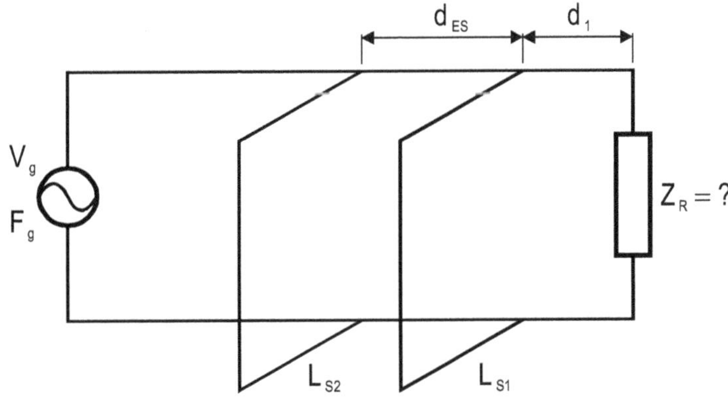

El **R.O.E.** entre los stubs es el **ROE ES.** El generador es de una tensión V_g y frecuencia F_g . La velocidad de propagación de la señal es v_p .

Datos

$$Z_0 = 75\,[\Omega]$$

$$d_{ES} = \frac{3}{8}\,[\lambda]$$

$$ROE_{ES} = 6$$

$$L_{S1} = 7{,}24\,[cm]$$

$$d_1 = 24{,}31\,[cm]$$

$$V_g = 100\,[V]$$

$$F_g = 400\,[Mhz]$$

$$v_p = 3{,}0E+8\left[\frac{m}{seg}\right]$$

Calcular:

a) Impedancia de carga Z_R .

b) Coeficiente de reflexión en la carga Γ_R.

c) Relación de onda estacionaria en la carga ROE_R.

d) Largo del segundo stub L_{S2}.

PROBLEMA N° 13.13.110

Calcular la Impedancia característica Z_T de una línea de ¼ de longitud de onda ($L_I=\lambda/4$) para adaptar una línea de transmisión de impedancia característica Z_{O1} a una carga Z_L de valor real.

$Z_{O1} = 50\ [\ \Omega\ ]$ $\qquad$ $Z_L = 350\ [\ \Omega\ ]$

PROBLEMA N° 13.14.111

Calcular la Impedancia característica Z_T de una línea de ¼ de longitud de onda ($L_T=\lambda/4$) para adaptar una línea de transmisión de impedancia característica Z_{O1} a una carga Z_L de valor complejo. Calcular para la distancia menor de L_1.

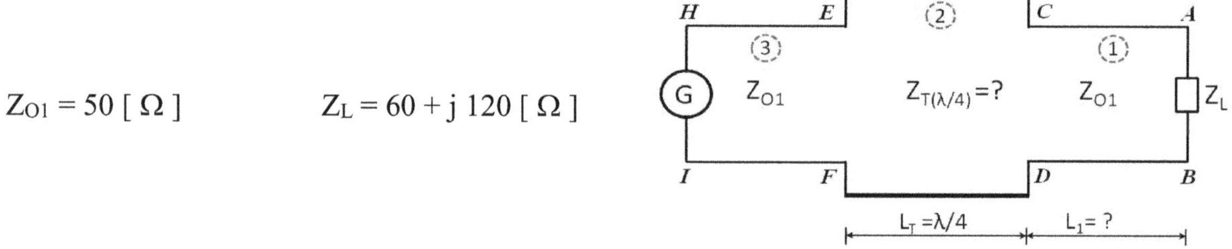

$Z_{O1} = 50\ [\ \Omega\ ]$ $\qquad$ $Z_L = 60 + j\ 120\ [\ \Omega\ ]$

PROBLEMA N° 13.15.112

Calcular la Impedancia característica Z_T de una línea de ¼ de longitud de onda ($L_T = \lambda/4$) para adaptar una línea de transmisión de impedancia característica Z_{O1} a una carga Z_L de valor complejo. Calcular para la distancia menor de L_1.

$Z_{O1} = 75\ [\ \Omega\ ]$ $Z_L = 60 - j\ 105\ [\ \Omega\ ]$

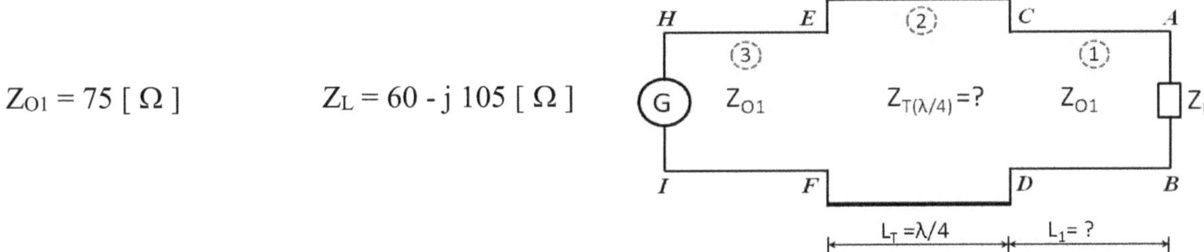

14. RADIACIÓN

PROBLEMA N° 14.01.113

Dada la expresión del Factor de Campo (FC) de una antena dipolo alimentada en su centro y de cualquier longitud L = 2 H

$$F.C. = \frac{\cos(\beta H) - \cos(\beta H . cos\theta)}{sen\theta}$$

Hacer la tabla para Θ de 0 a 90 grados cada 10 grados.

Encontrar los diagramas de directividad para dipolos de:

a) Media longitud de onda.
b) Una longitud de onda.
c) 1,5 de longitud de onda
d) Dos longitudes de onda.

PROBLEMA N° 14.02.114

Expresar las componentes de campo Eléctrico y campo Magnético E_θ, E_r y H_ϕ generadas por un elemento de corriente.

a) Analizar los términos de cada componente.

b) Demostrar a que distancia es igual el término de inducción y radiación.

c) Expresar la potencia radiada por un elemento de corriente (Poynting).

15. ANTENAS

PROBLEMA N° 15.01.115

Calcular la impedancia característica "media" de una antena cilíndrica de diámetro 2a y largo igual a 2H, alimentada en su centro.

$a = 0.0107\lambda$ $H = \lambda/4$

$$Z_0 = 120\left(\ln\frac{H}{a} - 1 - \frac{1}{2}\ln\frac{2H}{\lambda}\right) \ [\Omega]$$

PROBLEMA N° 15.02.116

Aplicando los conceptos adquiridos en el estudio de antenas,

a) definir: longitud efectiva, ganancia, directividad, y área efectiva de una antena.
b) Explicar los fundamentos y características de una antena yagi.

PROBLEMA N° 15.03.117

Expresar las longitudes y la separación de los elementos de una antena YAGI, formada por un dipolo doblado, un director y un reflector en longitudes de onda y luego calcular las longitudes y separación para una frecuencia de 180 Mhz.

PROBLEMA N° 15.04.118

En función de la tabla provista por el fabricante de la antena omnidireccional Ringo VHFO- 5dB expresar:

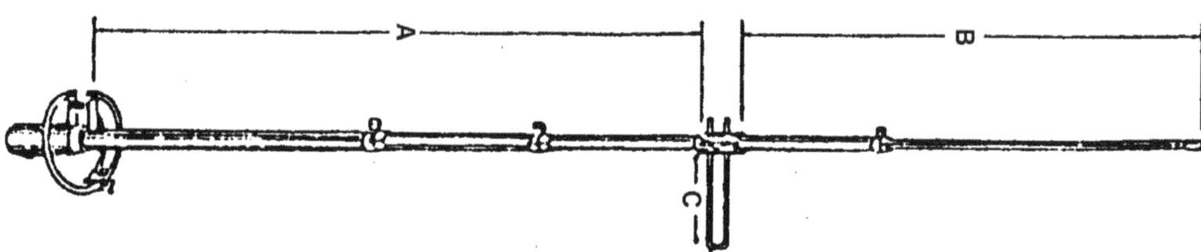

a) Entre que frecuencias puede ser usada
b) Impedancia de entrada
c) Resistencia al viento
d) Dimensiones A; B y C para 140 Mhz y para 160 Mhz. Sacar conclusiones.

16. Fibras Ópticas

PROBLEMA N° 16.01.119

Hacer una clasificación de fibras ópticas en función de sus índices de refracción del núcleo y el revestimiento y enunciar sus usos y características principales. Graficar los distintos tipos y sus particularidades.

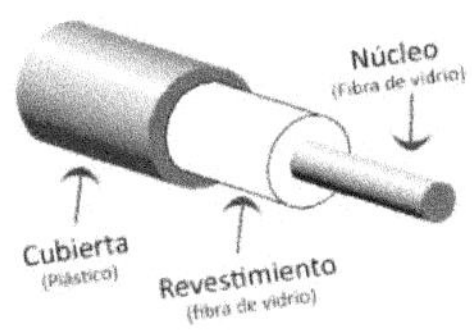

PROBLEMA N° 16.02.120

A partir del siguiente gráfico, aplicar la ley de Snell y realizar el desarrollo necesario para hallar el ángulo de aceptación (θ_a) y la apertura numérica (AN) en función de los índices de refracción.

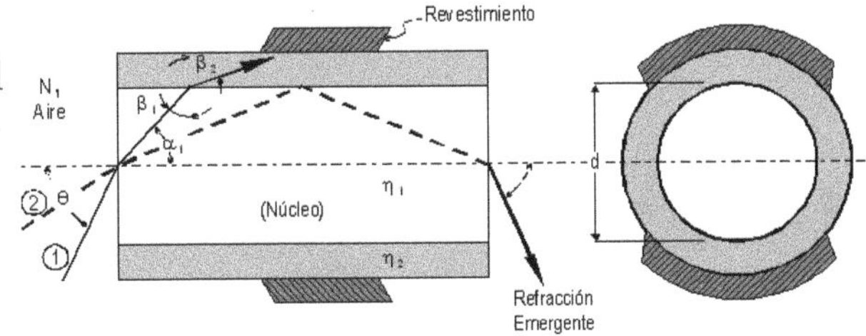

PROBLEMA N° 16.03.121

Calcular el ángulo máximo de aceptación de una fibra óptica multimodo de índice escalonado, con índice de Refracción del núcleo η_1 y del revestimiento η_2. Expresarlo en [Grados].

$\eta_1 = 1,473$ $\qquad$ $\eta_2 = 1,452$

PROBLEMA N° 16.04.122

Calcular la Apertura Numérica de una fibra óptica multimodo de índice escalonado, con índice de Refracción del núcleo η_1 y del revestimiento.

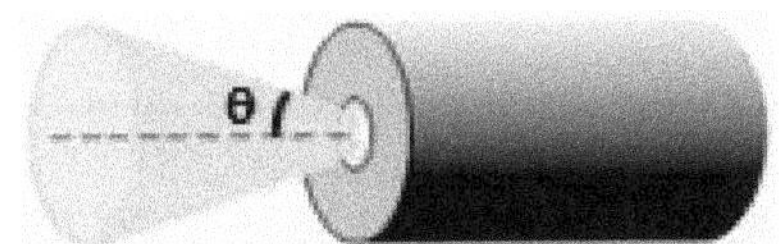

$\eta_1 = 1,462$ $\qquad$ $\eta_2 = 1,435$

SOLUCIONES DE PROBLEMAS

1. Espectro Electromagnético

SOLUCIÓN PROBLEMA Nº 01.01.01

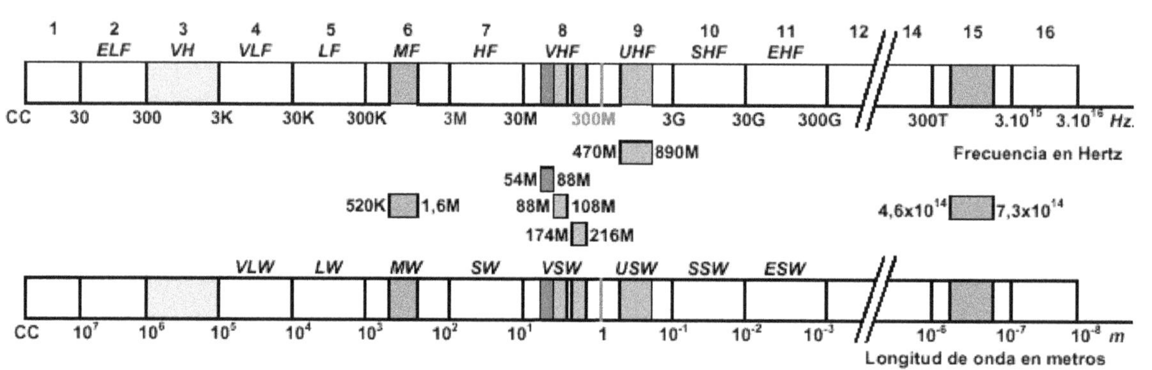

SOLUCIÓN PROBLEMA Nº 01.02.02

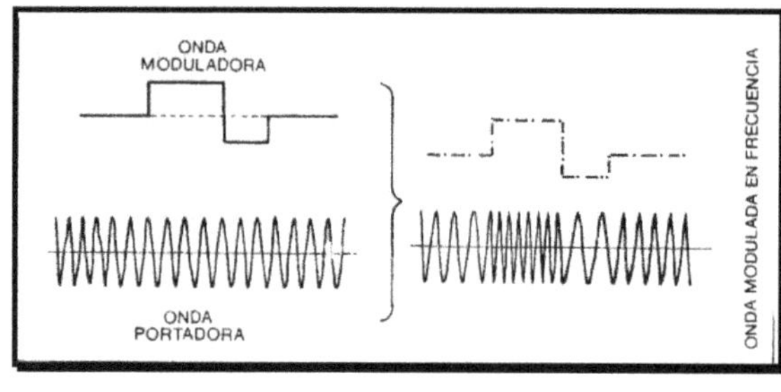

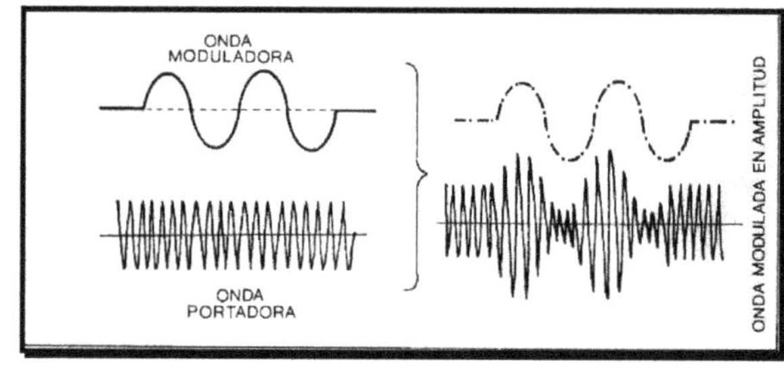

Radios de AM (Córdoba)

LW1: 580 Khz, LV3: 700 Khz, LRA7: 750 Khz, LV2: 970 Khz

Algunas Radios de FM (Córdoba)

$FM\ Cba: 100.5\ Mhz$, Power 102.3 Mhz

SOLUCIÓN PROBLEMA Nº 01.03.03

Una onda electromagnética puede desplazarse de tres formas:

a) **Onda de tierra:** depende de la superficie de la tierra y cambia poco en el tiempo sigue la orografía incluyendo la superficie del agua. Frecuencias de la Banda de Frecuencias Medias (MF) inclusive y Frecuencia menores.

b) **Onda de espacio u Onda Celeste:** depende de la latitud del lugar, de la hora del día, de la estación del año e incluso de la mayor o menor actividad del sol pues se reflejan en las distintas capas de la atmósfera y luego llega nuevamente a la superficie terrestre. Frecuencias de Alta Frecuencia (HF) especialmente usada por los Radioaficionados.

c) **Onda visual u onda directa:** es la que se propaga desde un punto a otro en línea recta. Frecuencias de VHF inclusive y Frecuencias superiores.

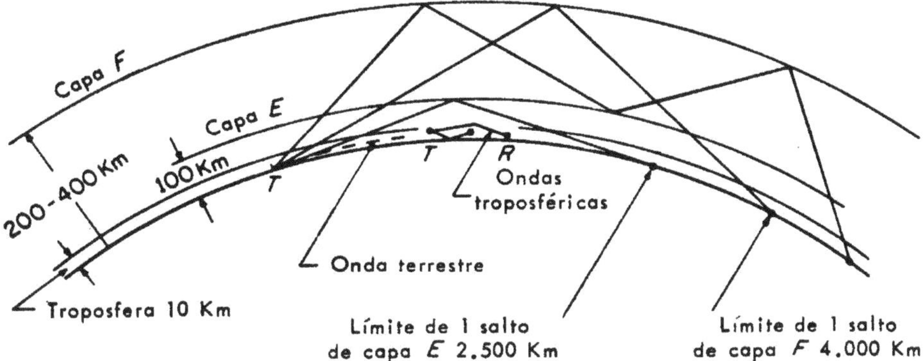

La Onda Celeste u Onda de espacio se encuentra en la Banda de HF, usada por los Radioaficionados por las ventajas que tiene el reflejo de las ondas en las capas de la atmósfera.

A Frecuencias menores de la Banda de HF las ondas se comportan como el sonido; a frecuencias mayores se comportan como la luz.

$$\mu_0 = 4.\pi.10^{-7}\left[\frac{Hy}{m}\right]$$

$$\varepsilon_0 = \frac{1}{36.\pi.10^{9}}\left[\frac{F}{m}\right]$$

SOLUCIÓN PROBLEMA N° 01.04.04

Velocidad de la onda = Velocidad de la Luz x Factor de velocidad = 285 x 10^6 [m/s]

Señal de transmisión λ_T = 1,9 [m]

Señal de recepción λ_R = 0,63 [m]

Graficar las ondas sinusoidales donde λ_T es 3 veces más larga que λ_R .

2. ECUACIONES DE MAXWELL

SOLUCIÓN PROBLEMA Nº 02.01.05

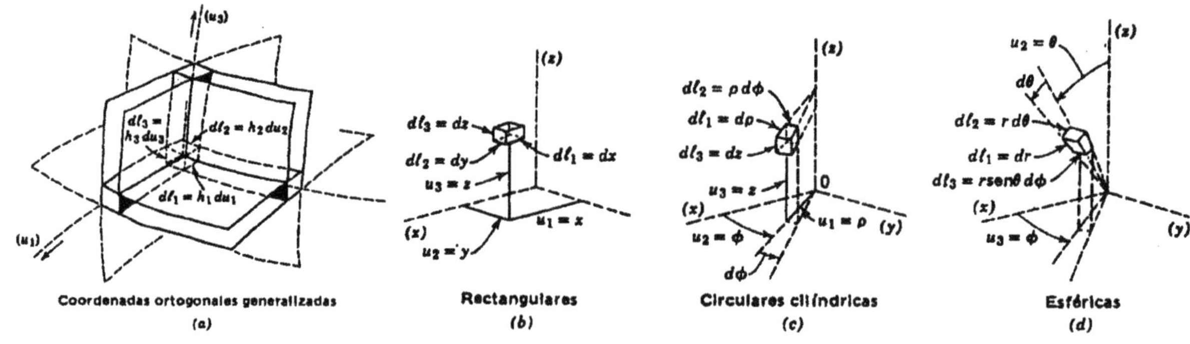

Coord. Gener.	u_1,u_2,u_3	h_1	du_1	h_2	du_2	h_3	du_3
Coord. Rect.	x,y,z	1	dx	1	dy	1	dz
Coord. Cilín.	ρ,ϕ,z	1	dρ	ρ	dϕ	1	dz
Coord. Esfer.	r,θ,ϕ	1	dr	r	dθ	r.senθ	dϕ

SOLUCIÓN PROBLEMA Nº 02.02.06

$$\vec{E}(u_1,u_2,u_3)=E_1.\hat{a}_1+E_2.\hat{a}_2+E_3.\hat{a}_3$$

$$\vec{E}(x,y,z)=E_X.\hat{a}_X+E_Y.\hat{a}_Y+E_Z.\hat{a}_Z$$

$$\vec{E}(\rho,\phi,z)=E_\rho.\hat{a}_\rho+E_\phi.\hat{a}_\phi+E_Z.\hat{a}_Z$$

$$\vec{E}(r,\theta,\phi)=E_r.\hat{a}_r+E_\theta.\hat{a}_\theta+E_\phi.\hat{a}_\phi$$

SOLUCIÓN PROBLEMA Nº 02.03.07

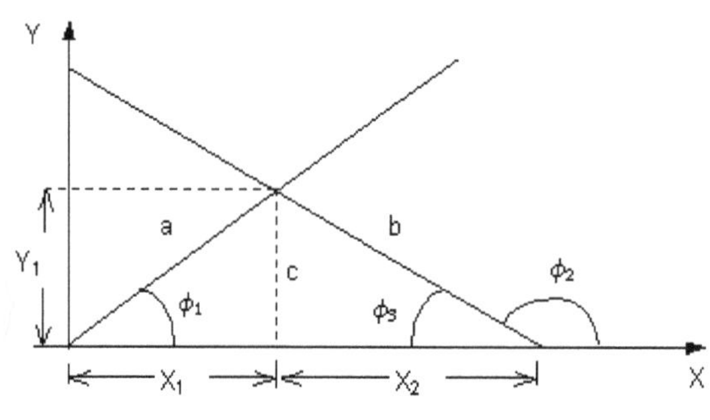

X_1= 4318 m X_2= 10682 m Y_1= 7479 m

$$tg(\phi_1) = \frac{c}{X_1};$$

$$tg(180 - \phi_2) = tg(\phi_3) = \frac{c}{X_2};$$

$$tg(\phi_1).X_1 = tg(180 - \phi_2).X_2;$$

$$X_1 + X_2 = d_1$$

SOLUCIÓN PROBLEMA Nº 02.04.08

a = proyección de la distancia r sobre el plano XY z = altura

a = 5000.cos 30º = 4330 [m]

x = 4330.sen 45º = 3061 [m]

y = 4330.cos 45º = 3061 [m]

z = 5000.sen 30º = 2500 [m]

SOLUCIÓN PROBLEMA Nº 02.05.09

x = 241,74 [m]

y = 309,41 [m]

d = 392,65 [m]

SOLUCIÓN PROBLEMA Nº 02.06.10

Coordenadas rectangulares

$$\nabla.V(x,y,z) = \frac{\partial V}{\partial x} a_X + \frac{\partial V}{\partial y} a_Y + \frac{\partial V}{\partial z} a_Z$$

Coordenadas cilíndricas

$$\nabla.V(\rho,\phi,z) = \frac{\partial V}{\partial \rho} a_\rho + \frac{1}{\rho}\frac{\partial V}{\partial \phi} a_\phi + \frac{\partial V}{\partial z} a_Z$$

Coordenadas esféricas

$$\nabla.V(r,\theta,\phi) = \frac{\partial V}{\partial r} a_r + \frac{1}{r}\frac{\partial V}{\partial \theta} a_\theta + \frac{1}{r\,\mathrm{sen}\,\theta}\frac{\partial V}{\partial \phi} a_\phi$$

SOLUCIÓN PROBLEMA Nº 02.07.11

$$\nabla .D\left(x,y,z\right)=\left[\frac{\partial D_x}{\partial x}+\frac{\partial D_y}{\partial y}+\frac{\partial D_z}{\partial z}\right]$$

$$\nabla .D\left(\rho,\phi,z\right)=\frac{1}{\rho}\left[\frac{\partial \rho .D_\rho}{\partial \rho}+\frac{\partial D_\phi}{\partial \phi}+\frac{\rho .\partial D_z}{\partial z}\right]$$

$$\nabla .D\left(r,\theta,\phi\right)=\frac{1}{r^2.\operatorname{sen}\theta}\left[\operatorname{sen}\theta\frac{\partial\left(r^2.D_r\right)}{\partial r}+r.\frac{\partial\left(D_\theta.\operatorname{sen}\theta\right)}{\partial\theta}+r\frac{\partial D_\phi}{\partial\phi}\right]$$

SOLUCIÓN PROBLEMA Nº 02.08.12

$$\nabla xH\left(x,y,z\right)=\begin{vmatrix} a_x & a_y & a_z \\ \dfrac{\partial}{\partial x} & \dfrac{\partial}{\partial y} & \dfrac{\partial}{\partial z} \\ H_x & H_y & H_x \end{vmatrix}$$

SOLUCIÓN PROBLEMA Nº 02.09.13

$$\nabla^2 V\left(x,y,z\right)=\nabla .\left(\nabla .V\right)=Div\left(Grad\,V\right)=\frac{\partial^2 V}{\partial x^2}+\frac{\partial^2 V}{\partial y^2}+\frac{\partial^2 V}{\partial z^2}$$

SOLUCIÓN PROBLEMA Nº 02.10.14

$$\nabla^2 E\left(x,y,z\right)=LapE=\frac{\partial^2 E}{\partial x^2}a_x+\frac{\partial^2 E}{\partial y^2}a_y+\frac{\partial^2 E}{\partial z^2}a_z$$

SOLUCIÓN PROBLEMA Nº 02.11.15

$$Div.RotH\left(x,y,z\right)=\nabla .\nabla xH=\left(\frac{\partial^2 H_z}{\partial y.\partial x}-\frac{\partial^2 H_y}{\partial z.\partial x}\right)-\left(\frac{\partial^2 H_z}{\partial x.\partial y}-\frac{\partial^2 H_x}{\partial z.\partial y}\right)+\left(\frac{\partial^2 H_y}{\partial x.\partial z}-\frac{\partial^2 H_x}{\partial y.\partial z}\right)=0$$

$$Rot.DivV\left(x,y,z\right)=\nabla x\nabla .V=a_x\left(\frac{\partial^2 V}{\partial y.\partial z}-\frac{\partial^2 V}{\partial z.\partial y}\right)-a_y\left(\frac{\partial^2 V}{\partial x.\partial z}-\frac{\partial^2 V}{\partial z.\partial x}\right)+a_z\left(\frac{\partial^2 V}{\partial x.\partial y}-\frac{\partial^2 V}{\partial y.\partial x}\right)=0$$

$$\nabla^2 V(x,y,z) = \nabla.(\nabla.V) = Div(Grad\,V) = \frac{\partial^2 V}{\partial x^2} + \frac{\partial^2 V}{\partial y^2} + \frac{\partial^2 V}{\partial z^2}$$

SOLUCIÓN PROBLEMA Nº 02.12.16

$V=2x+y$

$$GradV = \nabla.V = 2a_x + 1a_y$$

SOLUCIÓN PROBLEMA Nº 02.13.17

$V=x^2+y^2$

$$Grad\,V = \nabla.V = 2x.a_x + 2y.a_y$$

SOLUCIÓN PROBLEMA Nº 02.14.18

a) $E1=K.a_x$

Rot $E_1 = 0$

Div $E_1 = 0$

b) $E2=K.y.a_x$

Rot $E2 = -K.a_z$

Div $E2 = 0$

c) $E3=K.x.a_x$

Rot $E3 = 0$

Div $E3 = K$

SOLUCIÓN PROBLEMA Nº 02.15.19

1) $\oint H.dl = I = \int J\,ds$ $\qquad \nabla x H = J$

2) $\oint E.dl = 0$ $\qquad \nabla x E = 0$

3) $\oint D.ds = \rho$ $\qquad \nabla.D = \rho$

4) $\oint B.ds = 0$ $\qquad \nabla.B = 0$

Ecuación de continuidad para corrientes estables.

$$Div.Rot\,H = \nabla.\nabla xH = \nabla.J = 0$$

SOLUCIÓN PROBLEMA Nº 02.16.20

Potencial Eléctrico

$$V_{(p)} = \frac{1}{4.\pi.\varepsilon}\int \frac{\rho_{(p)}}{R}dv$$

Vector Potencial Magnético

$$A_{(p)} = \frac{\mu}{4.\pi}\int \frac{J_{(p)}}{R}dv$$

SOLUCIÓN PROBLEMA Nº 02.17.21

1) $\oint H.dl = \int\left(J + \frac{\partial D}{\partial t}\right)ds$ $\qquad \nabla xH = J + \frac{\partial D}{\partial t}$

2) $\oint E.dl = -\mu\int \frac{\partial H}{\partial t}ds$ $\qquad \nabla xE = -\mu\frac{\partial H}{\partial t}$

3) $\oint D.ds = \rho$ $\qquad \nabla.D = \rho$ $\qquad \nabla x\bar{H}e^{j\omega t} = (\sigma + j\omega\varepsilon).\bar{E}e^{j\omega t}$

4) $\oint B.ds = 0$ $\qquad \nabla.B = 0$ $\qquad \nabla x\bar{E}e^{j\omega t} = -j\omega\mu\bar{H}e^{j\omega t}$

SOLUCIÓN PROBLEMA Nº 02.18.22

$$\phi = B.s \qquad B = \mu.H \qquad \phi = \mu.H.s$$

$$H_{(t)} = H.\cos(\varpi.t) = 1.\cos\left(2.\pi.10^{7}.t\right)$$

Superficie de la espira

$$s = 0,2x0,2 = 0,04\left[m\right]$$

$$V = \frac{\partial\phi}{\partial t} = 0,04.\mu_{0}.\frac{\partial(\cos\varpi.t)}{\partial t} = 0,04.4.\pi.10^{-7}.2.\pi.10^{7}.(\text{sen}\,\varpi t) = 3,158.\text{sen}\,\varpi.t$$

$$V_{máx} = 3{,}158 \quad [V] \qquad V_{ef} = \frac{\sqrt{2}}{2}.3{,}158 = 2{,}233 \quad [V]$$

3. Condiciones de Contorno

SOLUCIÓN PROBLEMA Nº 03.01.23

Componentes Tangenciales

1) $E_{t1} = E_{t2}$

2a) $H_{t1} = H_{t2}$ $\qquad (\sigma_1 = \sigma_2 = cero)$

2b) $H_{t1} = J_{lS} \therefore H_{t2} = 0$ $\qquad (\sigma_1 = 0,\ \sigma_2 \to \infty)$

Componentes Normales

3a) $D_{n1} = D_{n2}$ $\qquad (\sigma_1 = \sigma_2 = cero)$

3b) $D_{n1} = \rho_S \therefore D_{n2} = 0$ $\qquad (\sigma_1 = 0,\ \sigma_2 \to \infty)$

4) $B_{n1} = B_{n2}$

SOLUCIÓN PROBLEMA Nº 03.02.24

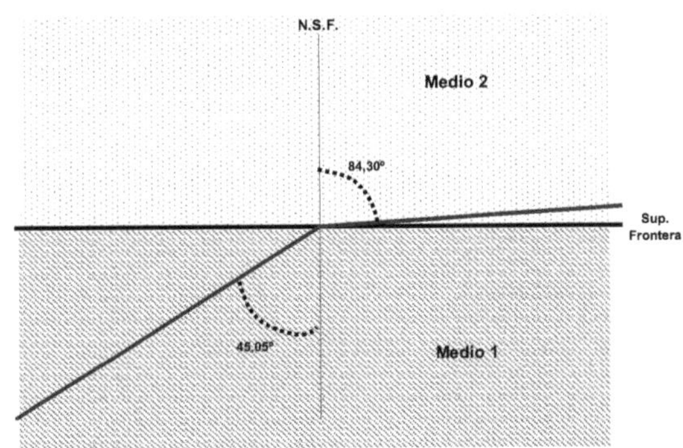

$$\theta_1 = tg^{-1}\frac{\varepsilon_1}{\varepsilon_2}\cdot tg\theta_2$$

$$\theta_1 = 45°$$

SOLUCIÓN PROBLEMA N° 03.03.25

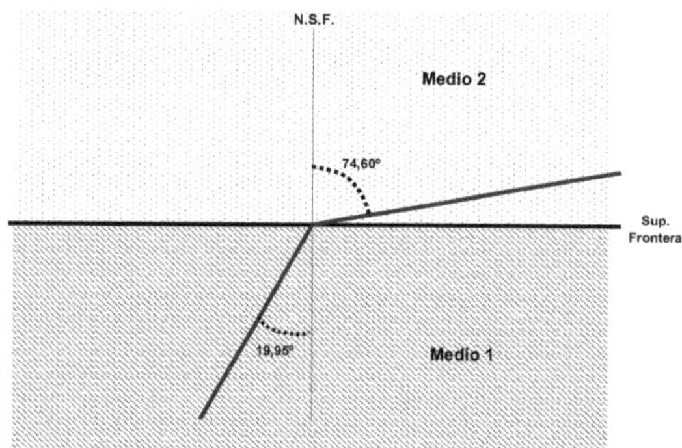

$$\theta_1 = tg^{-1}\frac{\mu_1}{\mu_2}\cdot tg\theta_2$$

$$\theta_1 = 19,95°$$

4. ECUACIÓN DE ONDA

SOLUCIÓN PROBLEMA N° 04.01.26

a) $E_x(z,t) = E_i.e^{-\alpha z}\cos(\varpi.t - \beta.z + \varphi)\hat{a}_x$

$$H_Y(z,t) = \frac{E_i}{\eta}.e^{-\alpha z}\cos(\varpi.t - \beta.z + \varphi)\hat{a}_y$$

b) $E_x(z,t) = E_i\cos(\varpi.t - \beta.z + \phi)\hat{a}_x$

$$H_Y(z,t) = \frac{E_i}{\eta}\cos(\varpi.t - \beta.z + \phi)\hat{a}_y$$

SOLUCIÓN PROBLEMA N° 04.02.27

Φ Impedancia Intrínseca

$$\eta = \frac{\sqrt{\frac{\mu}{\varepsilon}}}{\sqrt[4]{1+\left(\frac{\sigma}{\varpi.\varepsilon}\right)^2}}e^{j\frac{1}{2}tg^{-1}\left(\frac{\sigma}{\varpi.\varepsilon}\right)} \quad [\Omega]$$

Forma Polar

$$[\eta] = \frac{\sqrt{\frac{\mu}{\varepsilon}}}{\sqrt[4]{1+\left(\frac{\sigma}{\varpi.\varepsilon}\right)^2}} \qquad \theta_\eta = \frac{1}{2}tg^{-1}\left(\frac{\sigma}{\varpi.\varepsilon}\right)$$

Forma Compleja

$$\eta = [\eta].\cos\theta_\eta + j[\eta].\operatorname{sen}\theta_\eta$$

Φ Constante de Fase

$$\beta = \varpi\sqrt{\frac{\mu.\varepsilon}{2}\left[1+\sqrt{1+\left(\frac{\sigma}{\varpi.\varepsilon}\right)^2}\right]} \quad [rad/m]$$

para convertir en [°/m] multiplicar por 180/π

Φ Constante de Atenuación

$$\alpha = \varpi\sqrt{\frac{\mu.\varepsilon}{2}\left[-1+\sqrt{1+\left(\frac{\sigma}{\varpi.\varepsilon}\right)^2}\right]} \quad [Neper/m]$$

Φ Constante de Profundidad de Penetración

$$\delta = \frac{1}{\alpha} \quad [m]$$

Φ Velocidad de la Onda

$$v_p = \frac{\varpi}{\beta} = \lambda.f \quad [m/s]$$

Φ Longitud de Onda

$$\lambda = \frac{2.\pi}{\beta} = \frac{1}{f.\sqrt{\frac{\mu.\varepsilon}{2}\left[1+\sqrt{1+\left(\frac{\sigma}{\varpi.\varepsilon}\right)^2}\right]}} \quad [m]$$

En un dieléctrico perfecto σ = 0

En el vacío las constantes relativas son igual a 1:

$$\mu = \mu_0.\mu_r \quad [Hy/m] \qquad \varepsilon = \varepsilon_0.\varepsilon_r \quad [F/m]$$

Dieléctrico

$$\eta = \sqrt{\frac{\mu}{\varepsilon}} \quad [\Omega]$$

$$\beta = \varpi\sqrt{\mu.\varepsilon} \quad [rad/m]$$

$$\alpha = 0 \quad [Neper/m]$$

$$\delta = \infty \quad [m]$$

$$v_p = \frac{\varpi}{\beta} = \lambda.f = \frac{1}{\sqrt{\mu.\varepsilon}} \quad [m/s]$$

Vacío

$$\eta = \sqrt{\frac{\mu_0}{\varepsilon_0}} \quad [\Omega]$$

$$\beta = \varpi\sqrt{\mu_0.\varepsilon_0} \quad [rad/m]$$

$$\alpha = 0 \quad [Neper/m]$$

$$\delta = \infty \quad [m]$$

$$v_p = \frac{\varpi}{\beta} = \lambda.f = \frac{1}{\sqrt{\mu_0.\varepsilon_0}} = c \quad [m/s]$$

$$\lambda = \frac{2.\pi}{\beta} = \frac{1}{f.\sqrt{\mu.\varepsilon}} \quad [m] \qquad \lambda = \frac{2.\pi}{\beta} = \frac{1}{f.\sqrt{\mu_0.\varepsilon_0}} = \frac{c}{f} \quad [m]$$

SOLUCIÓN PROBLEMA Nº 04.03.28

$$\eta_0 = \sqrt{\frac{\mu_0}{\varepsilon_0}} = \sqrt{4.\pi.10^{-7}.36.\pi.10^{9}} = 120.\pi = 377 \quad [\Omega]$$

$$v_p = \frac{\varpi}{\beta} = \lambda.f = \frac{1}{\sqrt{\mu_0.\varepsilon_0}} = \frac{1}{\sqrt{\frac{4.\pi.10^{-7}}{36.\pi.10^{9}}}} = \sqrt{9.10^{16}} = 3.10^{8} \quad [m/s]$$

SOLUCIÓN PROBLEMA Nº 04.04.29

Encontramos la equivalencia con la ecuación:

$$E_x(z,t) = E_i.e^{-\alpha z}\cos(\varpi t - \beta z + \phi)$$

$$E_x(z,t) = 10\cos\left(2.\pi 10^{8} t - \frac{2.\pi}{3} z\right)$$

De la ecuación obtenemos:

$\alpha = 0$ [Neper/m]

$\beta = 2\pi/3$ [rad/m]

$\omega = 2\pi$ f $= 2.\pi.10^8$ [1/s]

Respuesta:

a) $\lambda = \frac{2\pi}{\beta} = 3 \quad [m]$

b) $vp = \frac{\omega}{\beta} = 3.10^{8}\left[\frac{m}{seg}\right]$

c) $Frec = 10^{8} \quad [Hz]$

d) $\beta = \frac{2\pi}{3} \left[\frac{rad}{m}\right]$

e) $H=\dfrac{E}{\eta}=26\times10^{-3}\ \left[\dfrac{A}{m}\right]$

SOLUCIÓN PROBLEMA Nº 04.05.30

Encontramos la equivalencia con la ecuación:

$$E_x(z,t)=E_i.e^{-\alpha z}\cos(\varpi t-\beta z+\phi)$$

$$E_x(z,t)=15\cos\left(2.\pi 10^8 t-\frac{2.\pi}{2,5}z\right)$$

De la ecuación obtenemos:

$\alpha = 0$ [Neper/m]

$\beta = 2\pi/2,5$ [rad/m]

$\omega - 2\pi f = 2.\pi.10^8$ [1/s]

Respuesta

a) $\lambda=\dfrac{2\pi}{\beta}=2,5\ [m]$

b) $vp=\dfrac{\omega}{\beta}=2,5\times10^8\ \left[\dfrac{m}{seg}\right]$

c) $Frec=10^8\ [Hz]$

d) $\beta=\dfrac{2\pi}{2,5}\ \left[\dfrac{rad}{m}\right]$

e) Para calcular η debemos calcular $\varepsilon_r = 1,44$ $\qquad H=\dfrac{E}{\eta}=47\text{x}10^{-3}\ \dfrac{\text{A}}{\text{m}}$

SOLUCIÓN PROBLEMA Nº 04.06.31

λ = vp/f =1,68 [m] $\qquad \beta=\omega\sqrt{\mu\varepsilon}$

$$\varepsilon=\frac{\beta^2}{\varpi^2\mu}=1,8.10^{-11}\ \left[\frac{F}{m}\right]$$

β = 3,74 [rad/m] = 214,28 [º/m]

$\eta = 263{,}89$ [Ω]

SOLUCIÓN PROBLEMA Nº 04.07.32

$$\omega = 2\pi f = 2\pi \cdot 10^8 = 2\pi \cdot 200 \times 10^8 = 4\pi \times 10^8 \quad \left[\frac{1}{seg}\right]$$

$\beta = 8{,}37$ [rad/m] $\qquad\qquad$ $\eta = 188{,}41$ [Ω]

$$E_x(z,t) = 100\cos\left(4.\pi 10^8 t - \frac{2.\pi}{0{,}75} z\right)$$

$$H_y(z,t) = 0{,}53\cos\left(4.\pi 10^8 t - \frac{2.\pi}{0{,}75} z\right)$$

SOLUCIÓN PROBLEMA Nº 04.08.33

a) $E_x = E_i e^{-\alpha z}$ $\qquad$ $\alpha z = 1$ $\qquad$ $E_x / E_i = e^{-1} = 0{,}367879$

b) La constante de profundidad de penetración "Delta" δ: es la distancia a la cual la onda se atenúa al 36,78 % del valor original.

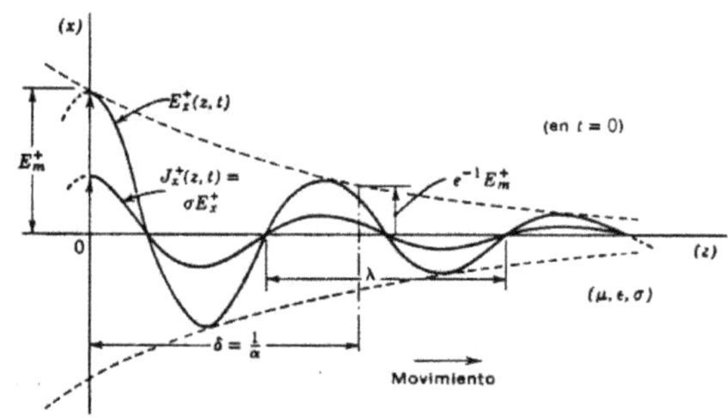

SOLUCION PROBLEMA N° 04.09.34

a) $E_{(z,t1)} = 30{,}61$ [V/m] $\qquad$ $\lambda = 16$ [m] ; $\omega t = 540$; $\beta z = 157{,}5$

SOLUCIÓN PROBLEMA N° 04.10.35

a) $\alpha = 5{,}55 \,.\, 10^{-4}$ [Neper/m]

b) $E_{(Z)} = 14{,}33$ [V/m]

SOLUCIÓN PROBLEMA Nº 04.11.36

$E_x = E_i\, e^{-\alpha z}$

$220 = 250\ e^{-az}$ $\qquad E_x / E_i = 220 / 250 = e^{-\alpha z}$

$\alpha\, z = 0{,}12783$ [Neper] $\qquad \alpha = 2{,}55.10^{-4}$ [Neper/m]

1[Neper] = 8,686 [dB] $\qquad$ Atenuación en dB = 20. Log (E_x/E_i) = 1,1103 [dB]

SOLUCIÓN PROBLEMA Nº 04.12.37

$E_x / E_i = 0{,}1$ $\qquad \alpha\, z = -\ln 0{,}1 = 2{,}3$ [Neper]

$E_x / E_i = 0{,}01$ $\qquad \alpha\, z = -\ln 0{,}01 = 4{,}6$ [Neper]

$E_x / E_i = 0{,}001$ $\qquad \alpha\, z = -\ln 0{,}001 = 6{,}9$ [Neper]

SOLUCIÓN PROBLEMA Nº 04.13.38

$$FD_T = \frac{\sigma}{\varpi.\varepsilon} = 18.10^5 / Frec$$

$FD_{T(520\ Khz)} = 3{,}46$

$FD_{T(1600\ Khz)} = 1{,}125$

$FD_{T(88\ Mhz)} = 0{,}02$

$FD_{T(108\ Mhz)} = 0{,}016$

SOLUCIÓN PROBLEMA Nº 04.14.39

a) $FD_T = 18.10^5 / f$

b) $FD_{Cu} = 1{,}04.10^{18} / f$

c) $FD_A = 1{,}26.10^{11} / f$

d) $FD_{Al} = 6{,}6.10^{17} / f$

SOLUCIÓN PROBLEMA Nº 04.15.40

a) $[\eta] = 158{,}36\ [\Omega]$; $\theta_\eta = 22{,}5°$

b) $\beta = 4{,}6$ [rad/m] = 263,82 [°/m]

c) $\alpha = 1{,}912$ [N/m]

d) $\delta = 0{,}523$ [m]

e) $vp = 1{,}364.10^8$ [m/s]

f) $\lambda = 1{,}3645$ [m]

g) $[H] = 0{,}9472$ [A/m] ; $\theta_H = -22{,}5°$

SOLUCIÓN PROBLEMA Nº 04.16.41

a) $[\eta] = 66{,}34\ [\Omega]$; $\theta_\eta = 41{,}44°$

b) $\beta = 8{,}92$ [rad/m] = 511,07 [°/m]

c) $\alpha = 7{,}87$ [N/m]

d) $\delta = 0{,}1269$ [m]

e) $vp = 0{,}704.10^8$ [m/s]

f) $\lambda = 0{,}704$ [m]

g) $[H] = 3{,}014$ [A/m] ; $\theta_H = -41{,}44°$

5. POLARIZACIÓN

SOLUCIÓN PROBLEMA Nº 05.01.42

Se define polarización de la onda electromagnética al comportamiento temporal del campo eléctrico **E** en un punto del espacio.

Polarización lineal, elíptica y circular (hacer gráficos y ecuaciones)

SOLUCIÓN PROBLEMA N° 05.02.43

a) Polarización elíptica

b) $E_x = 0{,}311$ [V/m] ; $E_y = 0{,}18$ [V/m]

c) $H_T = 9{,}549.10^{-4}$ [A/m]

6. Vector de Poynting

SOLUCIÓN PROBLEMA N° 06.01.44

$$\underbrace{-\oint E x H\, ds}_{1} = \underbrace{\frac{\partial}{\partial t}\int\left(\frac{1}{2}\,\varepsilon\cdot E^2 + \frac{1}{2}\,\mu\, H^2\right)dv}_{2} + \underbrace{\int E\cdot J\cdot dv}_{3}$$

1) Este término representa la velocidad de flujo de energía entrante a través de la superficie del volumen. El signo menos nos indica que el vector potencia entrante está a 180 grados del vector superficie ds. El coseno de 180° debido al producto escalar entre los vectores es igual a –1.

2) Es la velocidad con que disminuye la energía almacenada dentro del volumen conforme a las variaciones en el tiempo de E y H.

3) Es la potencia instantánea disipada en el volumen. El vector J representa la densidad de corriente de conducción.

SOLUCIÓN PROBLEMA N° 06.02.45

$$P_Y = E.\cos(\varpi t - \beta z).H.\cos(\varpi t - \beta z) = E.H.\cos^2(\varpi t - \beta z)$$

Recordando que:

$$\cos^2 a = \frac{1}{2} + \frac{1}{2}\cos(2a)$$

$$P_Y = \frac{E.H}{2}\left(1 + \cos(2\varpi t - 2\beta z)\right) = \frac{E.H}{2} + \frac{E.H}{2}\cos(2\varpi t - 2\beta z)$$

$$P_{Y(Inst)} = \frac{E.H}{2} + \frac{E.H}{2}\cos(2\varpi t - 2\beta z)$$

$$P_{Y(Efic)} = \frac{E.H}{2} \qquad\qquad P_{Y(Medio)} = \frac{E.H}{2}$$

SOLUCIÓN PROBLEMA Nº 06.03.46

Siguiendo el procedimiento visto en teoría de los circuitos donde la potencia compleja W es definida como la mitad del producto de V por la conjugada de I. El vector complejo de Poynting P_C es:

$$P_C = \frac{E.H^*}{2} = (E_r + jE_i)(E_r - jE_i) = (E_r.H_r + E_i.H_i) + j(E_i.H_r - E_r.H_i) \quad \left[\frac{W}{m^2}\right]$$

a) $P_a = \mathrm{Re}\left(\frac{E.H^*}{2}\right) = E_r.H_r + E_i.H_i \quad \left[\frac{W}{m^2}\right]$

b) $P_i = \mathrm{Im}\left(\frac{E.H^*}{2}\right) = E_i.H_r - E_r.H_i \quad \left[\frac{W}{m^2}\right]$

SOLUCIÓN PROBLEMA Nº 06.04.47

$$v_P = \frac{1}{\sqrt{\mu.\varepsilon}} = \frac{c}{\sqrt{\mu_r.\varepsilon_r}}$$

a) $\varepsilon_r = \left(\frac{c}{v_P}\right)^2 = \frac{3.10^8}{1{,}06.10^8} = 8$

b) $\eta = 377.\sqrt{\frac{\mu_r}{\varepsilon_r}} = 133{,}28 \quad [\Omega]$

c) $P_Y = E.H = \frac{E^2}{\eta} = \frac{(20)^2}{133{,}28} = 3 \quad \left[\frac{W}{m^2}\right]$

SOLUCIÓN PROBLEMA Nº 06.05.48

Pot= 20 [Kw]

$$P_Y = E.H = \frac{Pot}{Sup} \quad \left[\frac{W}{m^2}\right]$$

superficie de la esfera: $Sup = 4.\pi.r^2 \quad [m^2]$

$$P_Y = \frac{Pot}{Sup} = \frac{20.000}{4.\pi.r^2} = 6{,}366.10^{-7} \quad \left[\frac{W}{m^2}\right] \qquad P_Y = \frac{E^2}{\eta} \quad \left[\frac{W}{m^2}\right]$$

a) $E = \sqrt{P_Y.\eta} = \sqrt{6{,}366.10^{-7}.377} = 0{,}0155 \quad \left[\frac{V}{m}\right]$

b) $H = \frac{E}{\eta} = \frac{0{,}0155}{377} = 4{,}111.10^{-5} \quad \left[\frac{A}{m}\right]$

SOLUCIÓN PROBLEMA Nº 06.06.49

a)

$$P_Y = E.H = \frac{E^2}{\eta} = \frac{Pot}{4.\pi.r^2} \quad \left[\frac{W}{m^2}\right]$$

$$r = \sqrt{\frac{Pot.\eta}{4.\pi.E^2}} \quad [m] \qquad \eta = 377\sqrt{\frac{\mu_r}{\varepsilon_r}} = \frac{377}{\sqrt{2}} = 266{,}579 \quad [\Omega]$$

$$r = \sqrt{\frac{10^4.266{,}579}{4.\pi.10^{-4}}} = 46058 \quad [m]$$

$$P_Y = \frac{E^2}{\eta} = \frac{Pot}{4.\pi.r^2} = 3{,}75.10^{-7} \quad \left[\frac{W}{m^2}\right]$$

$$Atenuación[dB] = 10.\log\left[\frac{W_R}{W_T}\right] \qquad W_R = 10^{-1}.10000 = 1000[W]$$

La potencia W_R en el receptor disminuye 10 veces

b) $P_Y = \frac{W_R}{4.\pi.r^2} = \frac{1000}{4.\pi.(46058)^2} = 3{,}75.10^{-8} \quad \left[\frac{W}{m^2}\right]$

El Poynting P_Y que necesitamos en el receptor es $3{,}75.10^{-7}$ [W/m^2] por lo tanto debe disminuir la distancia r.

c) $r = \sqrt{\frac{W_R}{P_Y.4.\pi.}} = \sqrt{\frac{1000}{3{,}75.10^{-7}.4.\pi}} = 14567 \quad [m]$

De igual manera puede comprobarse:

$$r = \sqrt{\frac{W_R.\eta}{4.\pi.E^2}} = \sqrt{\frac{1000.266{,}579}{4.\pi.10^{-4}}} = 14567 \quad [m]$$

SOLUCIÓN PROBLEMA Nº 06.07.50

$$Atenuación[dB] = 1[dB] + 20[dB] = 21[dB]$$

$$Atenuación[dB] = -21[dB] = 10.\log\left[\frac{W_R}{W_T}\right]$$

$$W_R = 10^{-2,1}.W_T = 7{,}94.10^{-3}.500 = 3{,}97[W]$$

$$P_Y = \frac{W_R}{4.\pi.r^2} = \frac{3{,}97}{4.\pi.(10^5)^2} = 3{,}15.10^{-11} \quad \left[\frac{W}{m^2}\right]$$

7. REFLEXIÓN NORMAL ENTRE DIELÉCTRICO Y DIELÉCTRICO

SOLUCIÓN PROBLEMA Nº 07.01.51

1) $Ei + Er = E_T$

2) $Hi + Hr = H_T$

3) $\frac{Ei}{Hi} = \eta_1 = \sqrt{\frac{\mu_1}{\varepsilon_1}}$

4) $\frac{Er}{Hr} = -\eta_1 = -\sqrt{\frac{\mu_1}{\varepsilon_1}}$

5) $\frac{E_T}{H_T} = \eta_2 = \sqrt{\frac{\mu_2}{\varepsilon_2}}$

6) $\Gamma_E = \frac{Er}{Ei} = \frac{\eta_2 - \eta_1}{\eta_2 + \eta_1}$ **Coeficiente de Reflexión del Campo Eléctrico.**

7) $\Gamma_H = \frac{Hr}{Hi} = \frac{\eta_1 - \eta_2}{\eta_2 + \eta_1}$ **Coeficiente de Reflexión del campo Magnético**

8) $T_E = \frac{E_T}{E_i} = \frac{2.\eta_2}{\eta_2 + \eta_1}$ **Coeficiente de Refracción del campo Eléctrico**

9) $T_H = \frac{H_T}{Hi} = \frac{2.\eta_1}{\eta_2 + \eta_1}$ **Coeficiente de Refracción del Campo Magnético**

SOLUCIÓN PROBLEMA Nº 07.02.52

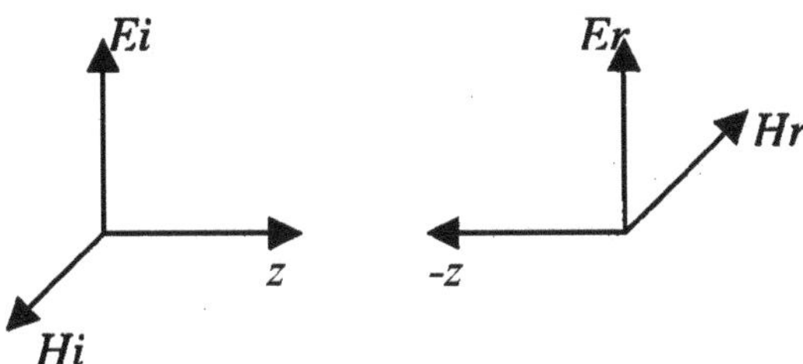

Primer Caso

$\eta_2 > \eta_1$ $\Gamma_E = \frac{Er}{Ei} > 0$

$\Gamma_H = \frac{Hr}{Hi} < 0$

Hay reflexión y el Campo Magnético Reflejado Hr cambia de signo (se desfasa 180º)

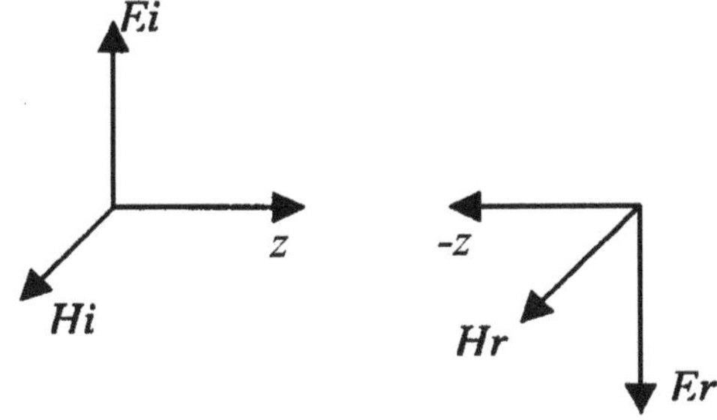

Segundo Caso

$\eta_2 < \eta_1$ $\Gamma_E = \frac{Er}{Ei} < 0$

$\Gamma_H = \frac{Hr}{Hi} > 0$

Hay reflexión y el Campo Eléctrico Reflejado Er cambia de signo (se desfasa 180º)

Tercer Caso

$\eta_2 = \eta_1$ $\Gamma_E = \frac{Er}{Ei} = 0$ $\Gamma_H = \frac{Hr}{Hi} = 0$

En estas condiciones ambos coeficientes de reflexión son iguales a cero y **no hay reflexión.**

SOLUCIÓN PROBLEMA Nº 07.03.53

a) $\eta_1 = 377\ [\Omega]$ $\eta_2 = 150{,}79\ [\Omega]$

b) $\beta_1 = 120\ [°/m]$ $\beta_2 = 300\ [°/m]$

c) $\lambda_1 = 3\ [m]$ $\lambda_2 = 1{,}2\ [m]$

d) $\Gamma_E = -0{,}429$ $\Gamma_H = 0{,}429$

e) $T_E = 0{,}571$ $T_H = 1{,}429$

f) $Er = -85{,}714\ [V/m]$ $Et = 114{,}28\ [V/m]$

g) $Hi = 0{,}53\ [A/m]$ $Hr = 0{,}227\ [A/m]$ $Ht = 0{,}758\ [A/m]$

h) $P_{Y1} = 86{,}61\ [W/m^2]$ $P_{Y2} = 86{,}61\ [W/m^2]$

SOLUCIÓN PROBLEMA Nº 07.04.54

a) $\eta_1 = 188{,}49\ [\Omega]$ $\eta_2 = 107{,}71\ [\Omega]$

b) $\beta_1 = 240\ [°/m]$ $\beta_2 = 420\ [°/m]$

c) $\lambda_1 = 1{,}5\ [m]$ $\lambda_2 = 0{,}857\ [m]$

d) $\Gamma_E = -0{,}273$ $\Gamma_H = 0{,}273$

e) $T_E = 0{,}727$ $T_H = 1{,}273$

f) $Er = -27{,}27\ [V/m]$ $Et = 72{,}72\ [V/m]$

g) $Hi = 0{,}53\ [A/m]$ $Hr = 0{,}145\ [A/m]$ $Ht = 0{,}675\ [A/m]$

h) $P_{Y1} = 49{,}10\ [W/m^2]$ $P_{Y2} = 49{,}10\ [W/m^2]$

SOLUCIÓN PROBLEMA N° 07.05.55

a) F.D. = 4,64

b) $\eta_2 = 83{,}51 + j\,67{,}42\ [\Omega]$

c) $[\,\Gamma_E\,] = 0{,}528$ $\theta_{\Gamma E} = 146{,}52\ [°]$

d) $[\,E_r] = 21{,}11$ $\theta_{Er} = 146{,}52\ [°]$

e) $D_{Máx} = 146{,}52\ [°]$

f) $Dmín = 326{,}52\ [°]$

8. Reflexión Normal entre Dieléctricos y Conductor Perfecto

SOLUCIÓN PROBLEMA Nº 08.01.56

a1) Tabla de valores para $\mathbf{E_T}$ *:.*

$$E_T = 2.E_i.sen(\beta.z)\,sen(\varpi.t)$$

ωt \ βz	0	π/4	2π/4	3π/4	π	5π/4	6π/4	7π/4	2π
0	0,00	0,00	0,00	0,00	0,00	0,00	0,00	0,00	0,00
π/4	0,00	1,00	1,41	1,00	0,00	-1,00	-1,41	-1,00	0,00
2π/4	0,00	1,41	2,00	1,41	0,00	-1,41	-2,00	-1,41	0,00
3π/4	0,00	1,00	1,41	1,00	0,00	-1,00	-1,41	-1,00	0,00
π	0,00	0,00	0,00	0,00	0,00	0,00	0,00	0,00	0,00
5π/4	0,00	-1,00	-1,41	-1,00	0,00	1,00	1,41	1,00	0,00
6π/4	0,00	-1,41	-2,00	-1,41	0,00	1,41	2,00	1,41	0,00
7π/4	0,00	-1,00	-1,41	-1,00	0,00	1,00	1,41	1,00	0,00
2π	0,00	0,00	0,00	0,00	0,00	0,00	0,00	0,00	0,00

a2) Tabla de valores para $\mathbf{H_T}$ *:*

$$H_T = 2.\frac{E_i}{\eta}\cos(\beta.z).\cos(\varpi.t)$$

ωt \ βz	0	π/4	2π/4	3π/4	π	5π/4	6π/4	7π/4	2π
0	2,00	1,41	0,00	-1,41	-2,00	-1,41	0,00	1,41	2,00
π/4	1,41	1,00	0,00	-1,00	-1,41	-1,00	0,00	1,00	1,41
2π/4	0,00	0,00	0,00	0,00	0,00	0,00	0,00	0,00	0,00
3π/4	-1,41	-1,00	0,00	1,00	1,41	1,00	0,00	-1,00	-1,41
π	-2,00	-1,41	0,00	1,41	2,00	1,41	0,00	-1,41	-2,00
5π/4	-1,41	-1,00	0,00	1,00	1,41	1,00	0,00	-1,00	-1,41
6π/4	0,00	0,00	0,00	0,00	0,00	0,00	0,00	0,00	0,00
7π/4	1,41	1,00	0,00	-1,00	-1,41	-1,00	0,00	1,00	1,41
2π	2,00	1,41	0,00	-1,41	-2,00	-1,41	0,00	1,41	2,00

b) Graficar el campo eléctrico total $\mathbf{E_T}$ que corresponde a las tablas generadas en a1).

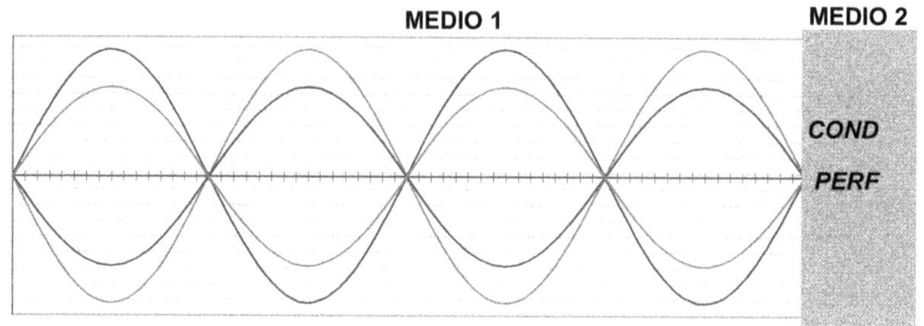

c) Graficar el campo magnético total $\mathbf{H}_T$ que corresponde a las tablas generadas en a2).

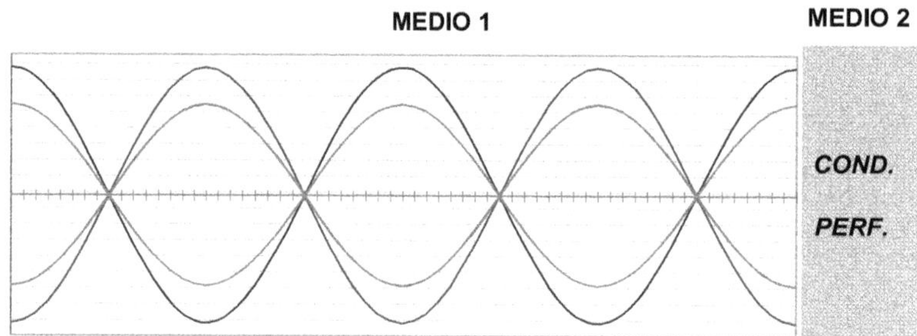

SOLUCIÓN PROBLEMA Nº 08.02.57

Aplicando:

$$\Gamma_E = \frac{\eta_2 - \eta_1}{\eta_2 + \eta_1}$$

a) $\eta_1 = 377\Omega$
$\eta_2 = (490 + j490)\Omega$

$[\Gamma] = 0,505$

$\theta_\Gamma = 47,54^{\circ}$

R.O.E. = 3,04

b) $\eta_1 = 377\Omega$
$\eta_2 = (98,02 + j75,4)\Omega$

$[\Gamma] = 0,601$

$\theta_\Gamma = 155,86^{\circ}$

R.O.E. = 4,011

c) $\eta_1 = 377\Omega$
$\eta_2 = (226,2 - j188,5)\Omega$

$[\Gamma] = 0,382$

$\theta_\Gamma = -111,31^{\circ} \quad = 248,69^{\circ}$

R.O.E. = 2,236

d) $\eta_1 = 377\Omega$
$\eta_2 = (452,4 - j829,4)\Omega$

$[\Gamma] = 0,71$

$\theta_\Gamma = -39,81^{\circ} \quad = 320,19^{\circ}$

R.O.E. = 5,897

SOLUCIÓN PROBLEMA Nº 08.03.58

$$\Gamma_E = \frac{\eta_2 - \eta_1}{\eta_2 + \eta_1}$$

Aplicando:

a)

$$\eta_1 = 377\Omega$$
$$[\Gamma_E] = 0{,}5$$
$$\theta_{\Gamma E} = 45^\circ$$
$$\eta_2 = 521 + j491\,\Omega$$

b)

$$\eta_1 = 377\Omega$$
$$[\Gamma_E] = 0{,}3$$
$$\theta_{\Gamma E} = 150^\circ$$
$$\eta_2 = 213 + j70\,\Omega$$

c)

$$\eta_1 = 377\Omega$$
$$[\Gamma_E] = 0{,}45$$
$$\theta_{\Gamma E} = -80^\circ$$
$$\eta_2 = 287 - j319\,\Omega$$

d)

$$\eta_1 = 377\Omega$$
$$[\Gamma_E] = 0{,}6$$
$$\theta_{\Gamma E} = -150^\circ$$
$$\eta_2 = 100 - j94\,\Omega$$

9. Cálculo Analítico y Gráfico del Campo Total en Reflexión Normal

SOLUCIÓN PROBLEMA Nº 09.01.59

a) $E_T = \sqrt{E_i^{\,2} + E_r^{\,2} + 2.E_i.E_r.\cos(\theta_\Gamma - \theta_Z)}$

b) Realizar el gráfico solicitado

c) E_T = 133,75 [V/m]

d) R.O.E. = 4

SOLUCIÓN PROBLEMA Nº 09.02.60

a)

$$R.O.E. = \frac{[E_i] + [E_r]}{[E_i] - [E_r]} = \frac{E_{MAX}}{E_{min}}$$

b)

$$R.O.E. = \frac{[E_i] + [E_r]}{[E_i] - [E_r]} = \frac{[E_i]\left(1 + \frac{[E_r]}{[E_i]}\right)}{[E_i]\left(1 - \frac{[E_r]}{[E_i]}\right)} = \frac{1 + [\Gamma_E]}{1 - [\Gamma_E]}$$

c) R.O.E. = 3

d) R.O.E. = 3

SOLUCIÓN PROBLEMA Nº 09.03.61

Crank propone un cálculo gráfico donde en lugar de girar un vector βz hacia la derecha y el otro βz hacia la izquierda, el vector incidente Ei es arbitrariamente mantenido estacionario, de manera que para mantener las verdaderas posiciones de fase relativas entre Ei y Er, el vector Er debe ser rotado dos veces el ángulo βz en sentido horario.

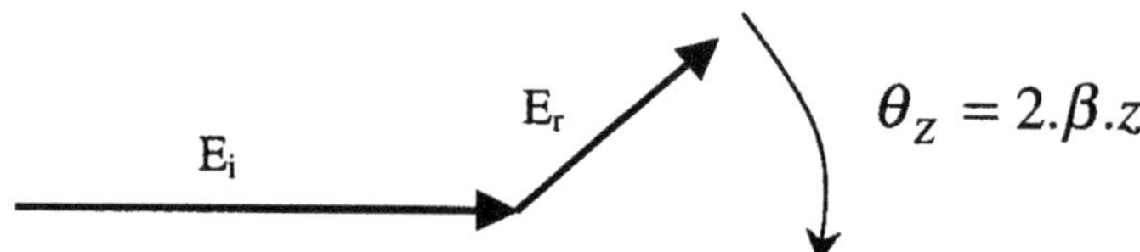

SOLUCIÓN PROBLEMA Nº 09.04.62

a) $[\Gamma] = 0,505$; $\theta_\Gamma = 47,54^o$; $R.O.E. = 3,04$

Distancia al máximo

$\theta_{Z\,máx} = 47,54^o$

$\lambda_{máx} = 0,066\ \lambda$

Distancia al mínimo

$\theta_{Z\,min} = 227,54^o$

$\lambda_{min} = 0,316\ \lambda$

b) $[\Gamma] = 0,601$; $\theta_\Gamma = 155,86^o$; $R.O.E. = 4,011$

Distancia al máximo

$\theta_{Z\,máx} = 155,86$

$\lambda_{máx} = 0,2165\lambda$

Distancia al mínimo

$\theta_{Z\,min} = 335,86^o$

$\lambda_{min} = 0,4665\ \lambda$

c) $[\Gamma] = 0,382$; $\theta_\Gamma = -111,31^o = 248,69^o$; $R.O.E. = 2,236$

Distancia al máximo

$\theta_{Z\,máx} = 248,69^o$

$\lambda_{Z\,máx} = 0,3454\ \lambda$

Distancia al mínimo

$\theta_{Z\,min} = 68,69^o$

$\lambda_{min} = 0,0954\ \lambda$

$[\Gamma] = 0,71$

$\theta_{\Gamma} = -39,81^{o} = 320,19^{o}$

$R.O.E. = 5,897$

d)

Distancia al máximo

$\theta_{Z\,máx} = 320,19^{o}$

$\lambda_{máx} = 0,444\ \lambda$

Distancia al mínimo

$\theta_{Z\,mín} = 140,19^{o}$

$\lambda_{mín} = 0,1947\ \lambda$

SOLUCIÓN PROBLEMA Nº 09.05.63

F.D. = 22,647 $\eta_2 = 34,5 + j\ 33,01$

Distancia al Mínimo = 0,422 λ ; 304 °

SOLUCIÓN PROBLEMA Nº 09.06.64

$[\Gamma] = 0,386$ $\theta_{\Gamma} = 280,13°$

$\lambda_{Zmáx} = 0,389\ \lambda$; $\theta_{Zmáx} = 280,13°$

SOLUCIÓN PROBLEMA Nº 09.07.65

$$\Gamma_E = u + jv = \frac{\eta_2 - \eta_1}{\eta_2 + \eta_1} \qquad \frac{\eta_2}{\eta_1} = z_{n2} = r + jx$$

$$\left(u - \frac{r}{r+1}\right)^2 + (v-0)^2 = \left(\frac{1}{r+1}\right)^2$$ Ecuación de circunferencia de parte real

$$(u-1)^2 + \left(v - \frac{1}{x}\right)^2 = \left(\frac{1}{x}\right)^2$$ Ecuación de circunferencia de parte imaginaria

SOLUCIÓN PROBLEMA Nº 09.08.66

$$\left(u - \frac{r}{r+1}\right)^2 + (v-0)^2 = \left(\frac{1}{r+1}\right)^2$$

a) Dar valores a r = 0 ; 0,2 ; 0,5 ; 1 ; 2 ; 5 ; ∞.

b) Confeccionar una tabla y trazar la familia de curvas sobre el diagrama del coeficiente de reflexión constante (u, jv). Trazar Ei = 2,5 cm y construir el diagrama.

c) Extraer conclusiones.

SOLUCIÓN PROBLEMA Nº 09.09.67

$$(u-1)^2+\left(v-\frac{1}{x}\right)^2=\left(\frac{1}{x}\right)^2$$

a) Dar valores a x = 0 ; +1;-1;+2;-2;+5;-5;+∞;-∞.

b) Confeccionar una tabla y trazar la familia de curvas sobre el mismo diagrama del ejercicio anterior.

c) Extraer conclusiones.

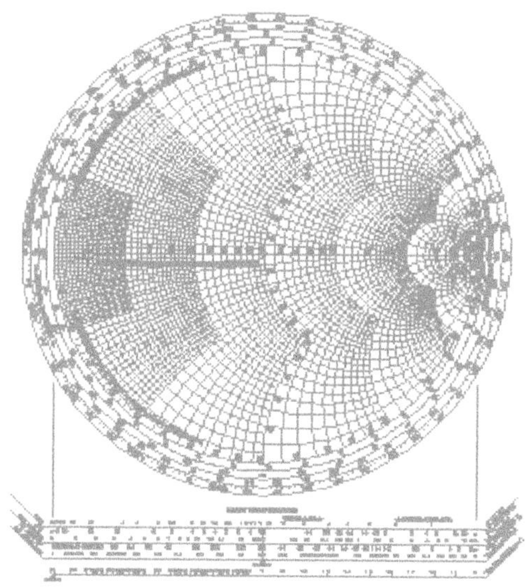

SOLUCIÓN PROBLEMA Nº 09.10.68

a)
$$\eta_1=377\Omega$$
$$\eta_2=(490+j490)\Omega$$
$$[\Gamma]=0,505$$
$$\theta_\Gamma=47,54^{o}$$
$$ROE=3,04$$

b)
$$\eta_1=377\Omega$$
$$\eta_2=(98,02+j75,4)\Omega$$
$$[\Gamma]=0,601$$
$$\theta_\Gamma=155,86^{o}$$
$$ROE=4,011$$

c)
$$\eta_1 = 377\Omega$$
$$\eta_2 = (226{,}2 - j188{,}5)\Omega$$
$$[\Gamma] = 0{,}382$$
$$\theta_\Gamma = -111{,}31° = 248{,}69°$$
$$ROE = 2{,}236$$

d)
$$\eta_1 = 377\Omega$$
$$\eta_2 = (452{,}4 - j829{,}4)\Omega$$
$$[\Gamma] = 0{,}71$$
$$\theta_\Gamma = -39{,}81° = 320{,}19°$$
$$ROE = 5{,}897$$

SOLUCIÓN PROBLEMA Nº 09.11.69

a)
$$\eta_1 = 377\Omega$$
$$[\Gamma_E] = 0{,}5$$
$$\theta_\Gamma = 45°$$
$$\eta_2 = 521 + j491\,\Omega$$

b)
$$\eta_1 = 377\Omega$$
$$[\Gamma_E] = 0{,}3$$
$$\theta_\Gamma = 150°$$
$$\eta_2 = 213 + j70\,\Omega$$

c)
$$\eta_1 = 377\Omega$$
$$[\Gamma_E] = 0{,}45$$
$$\theta_\Gamma = -80°$$
$$\eta_2 = 287 - j319\,\Omega$$

d)
$$\eta_1 = 377\Omega$$
$$[\Gamma_E] = 0{,}6$$
$$\theta_\Gamma = -150°$$
$$\eta_2 = 100 - j94\,\Omega$$

SOLUCIÓN PROBLEMA Nº 09.12.70

a) Multiplicar por Zo los valores de admitancia normalizada Zn encontrados en el ábaco de Smith para hallar la Impedancia Total Z_T en cada punto.
b) Dividir por Zo los valores de admitancia normalizada Yn encontrados en el ábaco de Smith para hallar la Admitancia Total Y_T. $Y_T = Yn \,.\, Yo$; como $Yo = 1/Zo$ por eso se divide Yn por Zo.

SOLUCIÓN PROBLEMA Nº 09.13.71

Distancia entre impedancias = 0,17 λ

SOLUCIÓN PROBLEMA Nº 09.14.72

Distancia entre impedancias = 0,22 λ

10. Reflexión Oblicua

SOLUCIÓN PROBLEMA Nº 10.01.73

$$\bar{n} = \cos A.a_X + \cos B.a_Y + \cos C.a_Z = 0{,}866\, a_X + 0{,}5\, a_Z$$

$$E_n = 100\cos\left[\varpi t - \beta\left(0{,}866.y\, a_Y + 0{,}5.z.a_Z\right)\right]$$

1) Para x = y = z = t = 0

$$E_x = 0$$

2) Para x = 0 y = 3,465 m z = t = 0

$$E_n = 100\cos\left[\frac{2.\pi}{3}\left(0{,}866.3{,}465\right)\right]a_Y = 100\, a_Y$$

3) Para x = y = 0 z = 6 t = 0

$$E_n = 100\cos\left[\frac{2.\pi}{3}\left(0{,}5.6\right)\right]a_Z = 100\, a_Z$$

SOLUCIÓN PROBLEMA Nº 10.02.74

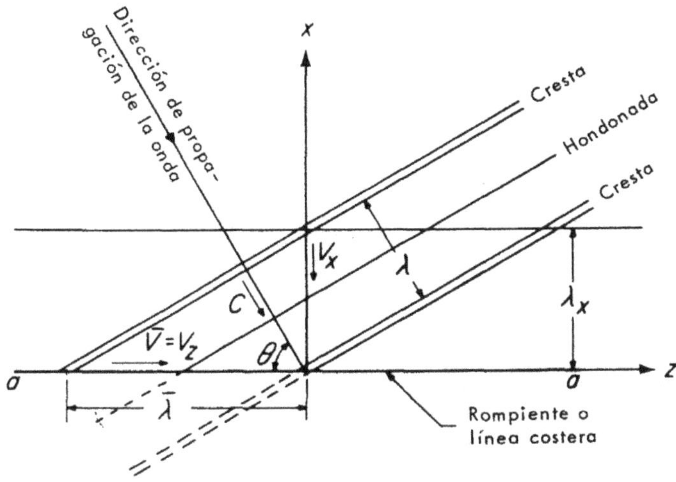

SOLUCIÓN PROBLEMA Nº 10.03.75

$$E = -2E_{i.}\,\text{sen}(\beta_Z \cdot z).\text{sen}(\varpi t - \beta_Y.y)$$

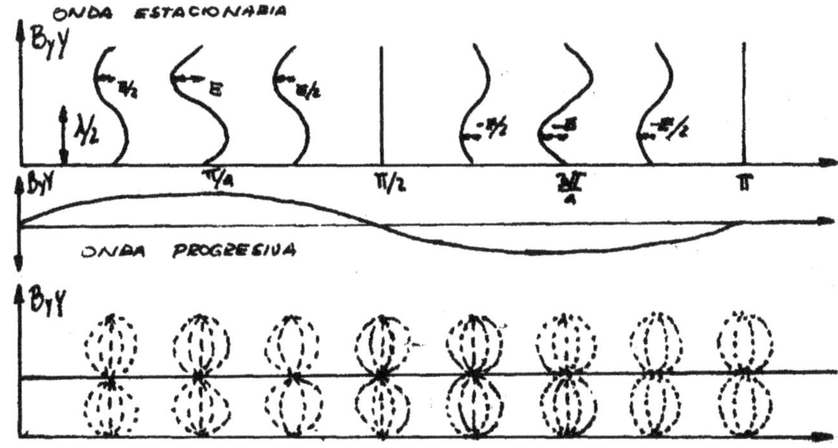

11. Guía de Ondas

SOLUCIÓN PROBLEMA Nº 11.01.76

a) Modo TE $E_Z = 0$

$$Hz = C.\cos\frac{m\pi}{a}x.\cos\frac{n\pi}{b}y$$

$$Hx = \frac{j\beta C}{h^2}B.senBx.\cos Ay \qquad Ex = \frac{j\varpi\mu C}{h^2}A.\cos Bx.senAy$$

$$Hy = \frac{j\beta C}{h^2}B.\cos Bx.senAy \qquad Ey = \frac{-j\varpi\mu C}{h^2}B.senBx.\cos Ay$$

b) Modo TM Hz = 0

$$Ez = C.sen\frac{m\pi}{a}x.sen\frac{n\pi}{b}y$$

$$Ex = \frac{-j\beta C}{h^2}B.\cos Bx.senAy \qquad Ey = \frac{-j\beta C}{h^2}A.senBx.\cos Ay$$

$$Hx = \frac{-j\varpi\varepsilon C}{h^2}A.senBx.\cos Ay \qquad Hy = \frac{-j\varpi\varepsilon C}{h^2}B.\cos Bx.senAy$$

c) Frecuencia de Corte

$$fc = \frac{1}{2\pi\sqrt{\mu\varepsilon}}.\sqrt{\left(\frac{m\pi}{a}\right)^2 + \left(\frac{n\pi}{b}\right)^2}$$

SOLUCIÓN PROBLEMA Nº 11.02.77

Los cálculos se realizan con las longitudes en metros (1 [pulg] = 0,0254 [m])

0,9 [pulg] = 0,02286 [m] ; 0,4 [pulg] = 0,01016 [m] ; 0,65 [pulg] = 0,0165 [m]

Para TM_{11}

$$fc_{(a\neq b)} = 1,5.10^8.\sqrt{\left(\frac{1}{0,02286}\right)^2 + \left(\frac{1}{0,01016}\right)^2} = 16,156\,[Ghz]$$

$$fc_{(a=b)} = 1,5.10^8.\sqrt{\left(\frac{1}{0,0165}\right)^2 + \left(\frac{1}{0,0165}\right)^2} = 12,84\,[Ghz]$$

Para TM_{12}

$$fc_{(a=b)} = 1,5.10^8.\sqrt{\left(\frac{1}{0,0165}\right)^2 + \left(\frac{2}{0,0165}\right)^2} = 20,31\,[Ghz]$$

$$fc_{(a\neq b)} = 1,5.10^8.\sqrt{\left(\frac{1}{0,02286}\right)^2 + \left(\frac{2}{0,01016}\right)^2} = 30,274\,[Ghz]$$

La frecuencia de corte de la guía cuadrada es menor que en la rectangular.

SOLUCIÓN PROBLEMA Nº 11.03.78

a) a = b = 0,02121 [m]

b) a = b = 21,2132 [m]

c) a = b = 21,2132 [Km]

SOLUCIÓN PROBLEMA Nº 11.04.79

$$\beta_z = \sqrt{\omega^2\mu\varepsilon - \left[\left(\frac{m\pi}{a}\right)^2 + \left(\frac{n\pi}{b}\right)^2\right]} = 246{,}90[rad/m] = 14146{,}52[°/m]$$

$$\lambda_Z = \frac{2.\pi}{\beta_Z} = 0{,}0254[m] \qquad \cos\theta = \frac{\lambda_0}{\lambda_Z} = 0{,}59$$

$$\lambda_0 = \frac{c}{f} = 0{,}015[m]$$

$$\lambda_g = \lambda_0.\cos\theta = 0{,}00884[m]$$

$$v_Z = \frac{\varpi}{\beta} = 5{,}09.10^8[m/s] \qquad v_g = v_0.\cos\theta = 1{,}77.10^8[m/s]$$

SOLUCIÓN PROBLEMA Nº 11.05.80

$$\beta_z = \sqrt{\omega^2\mu\varepsilon - \left[\left(\frac{m\pi}{a}\right)^2 + \left(\frac{n\pi}{b}\right)^2\right]} = 766{,}38[rad/m] = 43910{,}41[°/m]$$

$$\lambda_Z = \frac{2.\pi}{\beta_Z} = 0{,}0082[m] \qquad \cos\theta = \frac{\lambda_0}{\lambda_Z} = 0{,}9148$$

$$\lambda_1 = \frac{v_p}{f} = 0{,}0075[m]$$

$$\lambda_g = \lambda_1.\cos\theta = 0{,}00686[m]$$

$$v_Z = \frac{\varpi}{\beta} = 1{,}64.10^8[m/s] \qquad v_g = v_0.\cos\theta = 1{,}37.10^8[m/s]$$

SOLUCIÓN PROBLEMA Nº 11.06.81

a) frec. corte = 2,079 [Ghz]
b) frec. corte = 3,714 [Ghz]
c) frec. corte = 6,562 [Ghz]
d) frec. corte = 9,494 [Ghz]
e) frec. corte = 21,091 [Ghz]
f) frec. corte = 39,902 [Ghz]

12. LÍNEAS DE TRANSMISIÓN

SOLUCIÓN PROBLEMA Nº 12.01.82

Extraer conclusiones.

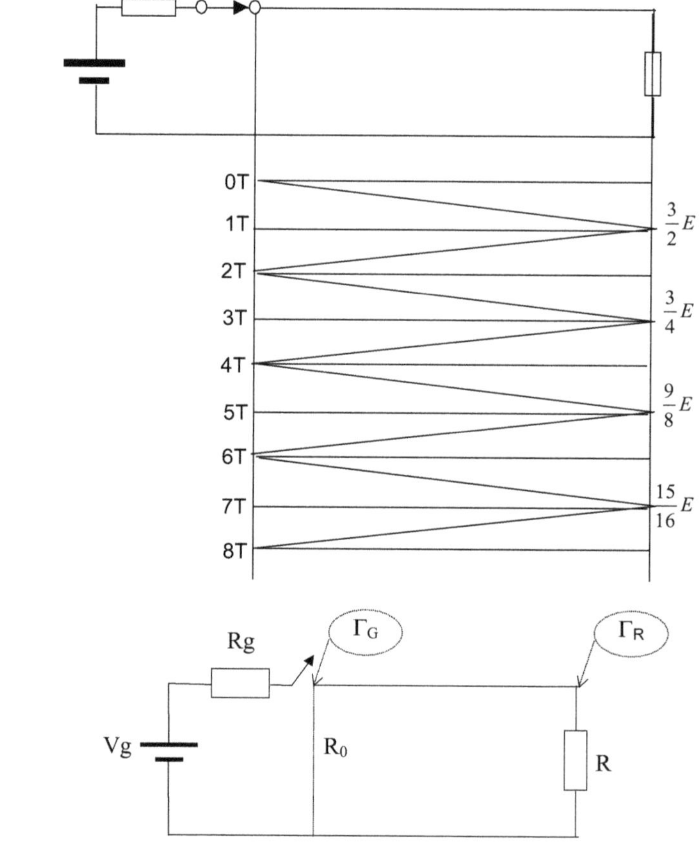

$$\Gamma_G = \frac{R_g - R_0}{R_g + R_0} = \frac{-R_0}{R_0} = -1$$

$$\Gamma_R = \frac{R_L - R_0}{R_L + R_0} = \frac{3R_0 - R_0}{3R_0 + R_0} = \frac{2R_0}{4R_0} = \frac{1}{2}$$

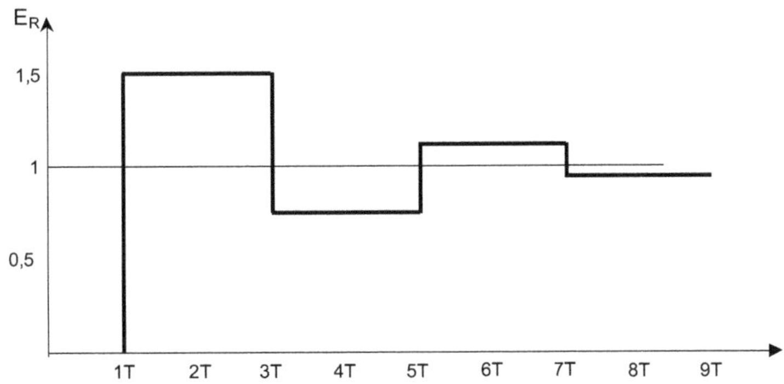

SOLUCIÓN PROBLEMA Nº 12.02.83

Cálculo de la caída de tensión en Rg

$$E = \frac{Vg}{R_g + R_0} . R_0 = \frac{Vg}{4}$$

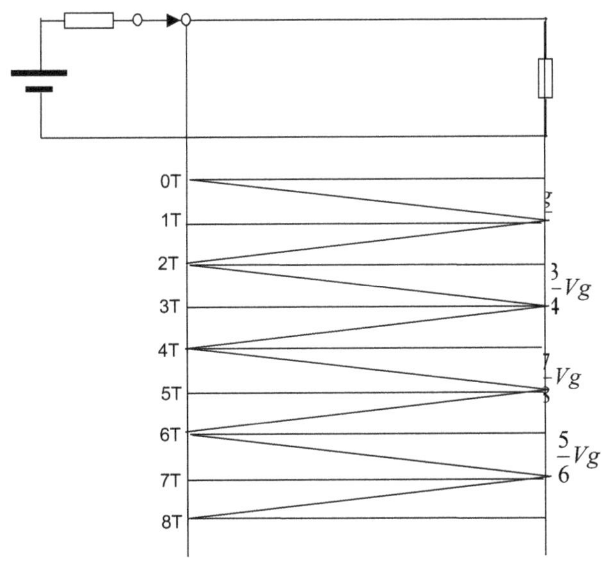

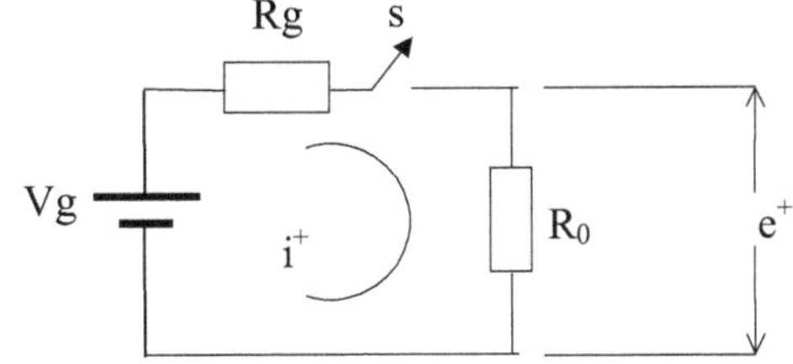

$$\Gamma_G = \frac{R_g - R_0}{R_g + R_0} = \frac{3R_0 - R_0}{3R_0 + R_0} = \frac{1}{2}$$

$$\Gamma_R = \frac{R_L - R_0}{R_L + R_0} = \frac{\infty - R_0}{\infty + R_0} = \frac{\infty}{\infty} = 1$$

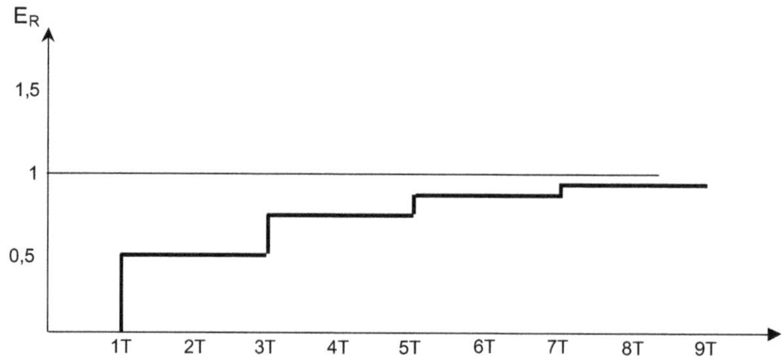

SOLUCIÓN PROBLEMA Nº 12.03.84

Extraer conclusiones.

$$\Gamma_G = \frac{Rg - Ro}{Rg + Ro} = \frac{3Ro - Ro}{3Ro + Ro} = \frac{1}{2}$$

$$\Gamma_R = \frac{R_L - Ro}{R_L + Ro} = \frac{0 - Ro}{0 + Ro} = -\frac{Ro}{Ro} = -1$$

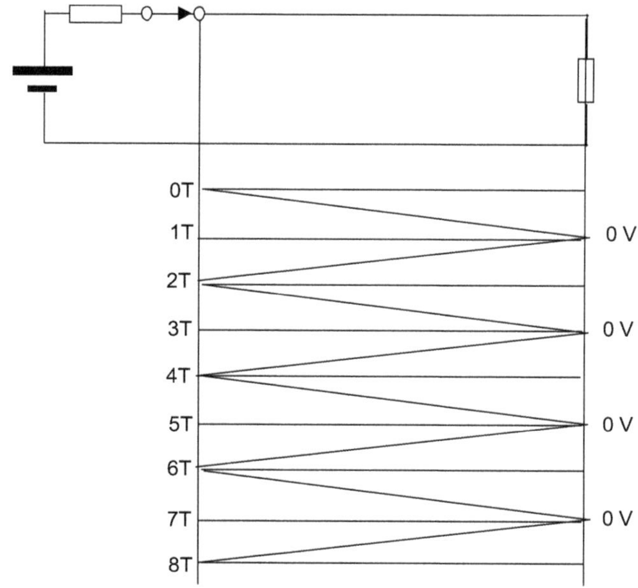

Si a la mitad de la línea medimos la tensión, tendremos una onda cuadrada.

SOLUCIÓN PROBLEMA Nº 12.04.85

$$Z_i = Z_O \frac{Z_R + jZ_O.\tan \beta d}{Z_O + jZ_R.\tan \beta d}$$

SOLUCIÓN PROBLEMA Nº 12.05.86

Realizar un esquema con lo visto en Teoría de los Circuitos y hacer el gráfico interpretando el ábaco de Smith.

SOLUCIÓN PROBLEMA Nº 12.06.87

Realizar demostración según libro de texto Cap. 12

SOLUCIÓN PROBLEMA Nº 12.07.88

$Z_0 = 765$ [Ω]

SOLUCIÓN PROBLEMA N° 12.08.89

XL = +j 150 [Ω]

[Γ] = 0,62 arg (Γ) = 29,74 [°]

R.O.E. = 4,27

SOLUCIÓN PROBLEMA N° 12.09.90

XC = -j 135 [Ω]

[Γ] = 0,59 arg (Γ) = - 30 [°]

R.O.E. = 3,86

SOLUCIÓN PROBLEMA Nº 12.10.91

DATOS:

Z_O: 50 [Ω]

Z_R: 150 [Ω]

1	2	3	4	5	6	7	8	9
Yr	0,0625 λ	0,125 λ	0,1875 λ	0,25 λ	0,3125 λ	0,375 λ	0,4375 λ	0,5 λ
0,33+j0	0,38+j0,36				1,38-j1,3			

SOLUCIÓN PROBLEMA Nº 12.11.92

DATOS:

Zo: 300 [Ω]

ZR: 600 [Ω]

1	2	3	4	5	6	7	8	9
Yr	0,0625 λ	0,125 λ	0,1875 λ	0,25 λ	0,3125 λ	0,375 λ	0,4375 λ	0,5 λ
0,5+j0		0,8+j0,6				0,8-j0,6		

SOLUCIÓN PROBLEMA Nº 12.12.93

DATOS:

Zo: 75 [Ω]

ZR: 0 [Ω]

1	2	3	4	5	6	7	8	9
Yr	0,0625 λ	0,125 λ	0,1875 λ	0,25 λ	0,3125 λ	0,375 λ	0,4375 λ	0,5 λ
∞+J∞			0-J0,41				0+J2,41	

SOLUCIÓN PROBLEMA Nº 12.13.94

DATOS:

Zo: 50 [Ω]

ZR: ∞ [Ω]

1	2	3	4	5	6	7	8	9
Yr	0,0625 λ	0,125 λ	0,1875 λ	0,25 λ	0,3125 λ	0,375 λ	0,4375 λ	0,5 λ
0+J0			0+J2,41			0-J1		

SOLUCIÓN PROBLEMA Nº 12.14.95

	1	2	3	4	5	6	7	8
	30 Mhz	40 Mhz	50 Mhz	60 Mhz	70 Mhz	80 Mhz	90 Mhz	100 Mhz
Zn	12+j5	9+j13	7,5+j22	10+j33	15+j40	22,5+j50	35+j60	50+j70
zn=	0,24 +j 0,10	0,18 +j 0,26	0,15 +j 0,44	0,20 +j 0,66	0,30 +j 0,80	0,45 +j 1,00	0,70 +j 1,20	1,00 +j 1,40
yn=	3,55 -j 1,48	1,80 -j 2,60	0,69 -j 2,04	0,42 -j 1,39	0,41 -j 1,10	0,37 -j 0,83	0,36 -j 0,62	0,34 -j 0,47

SOLUCIÓN PROBLEMA Nº 12.15.96

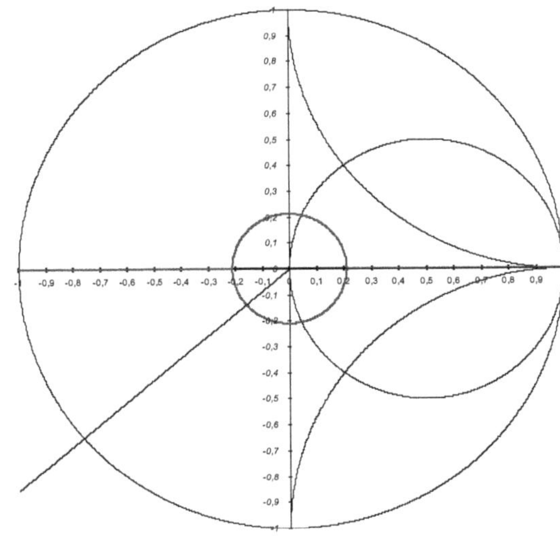

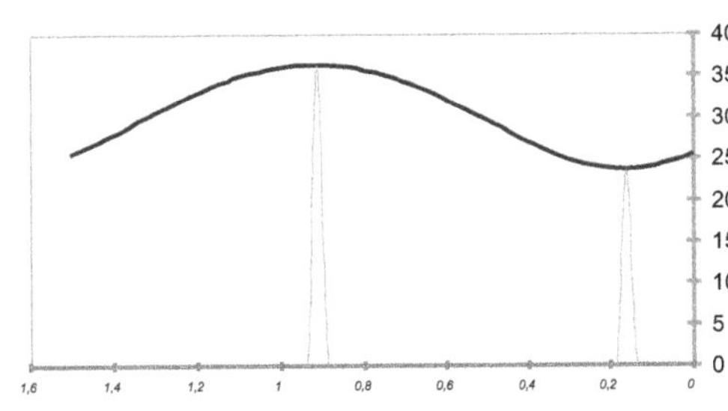

a) $[\Gamma]$=0,2106 θ_Γ=-139

b) R.O.E.= 1,534

c) $D_{\text{mín}}$ = 0,168 m

D_{MAX}= 0,918 m

d) Rellenar los valores de la tabla aplicando el Teorema del Coseno.

SOLUCIÓN PROBLEMA Nº 12.16.97

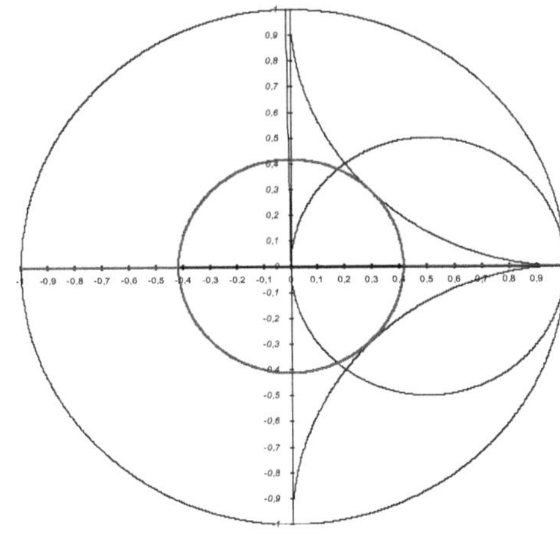

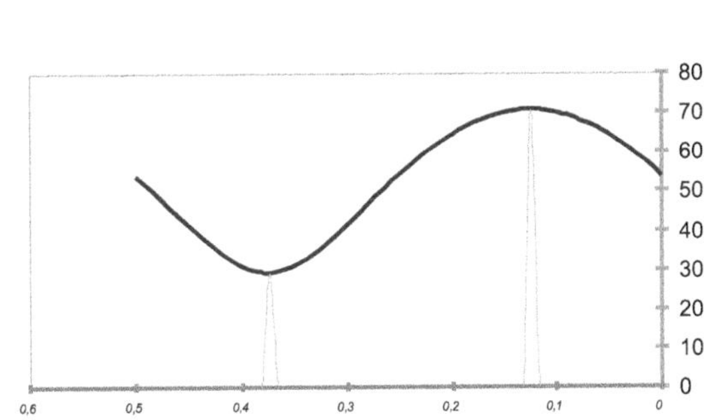

a. $[\Gamma]$=0,414 θ_Γ= 90,81

b. R.O.E.= 2,414

c. $D_{mín}$ = 0,376 m

D_{MAX}= 0,126 m

d. Rellenar los valores de la tabla aplicando el Teorema del Coseno.

13. ADAPTACIÓN DE LÍNEAS DE TRANSMISIÓN

SOLUCIÓN PROBLEMA Nº 13.01.98

$Ls(F_1) = 0,4518\ \lambda$	Y_{F1}= j 3,2	λ_{F1}= 1,25 [m]	Ls= 0,5647 [m] no cambia
$Ls(F_2) = 0,2824$	Y_{F2}= j 0,206	λ_{F2}= 2,00 [m]	

SOLUCIÓN PROBLEMA Nº 13.02.99

$Ls(F_1) = 0,3487\ \lambda$	Y_{F1}= -j 1,4	λ_{F1}= 1,20 [m]	Ls= 0,4185 [m] no cambia
$Ls(F_2) = 0,2824$	Y_{F2}= -j 5,43	λ_{F2}= 1,50 [m]	

SOLUCIÓN PROBLEMA Nº 13.03.100

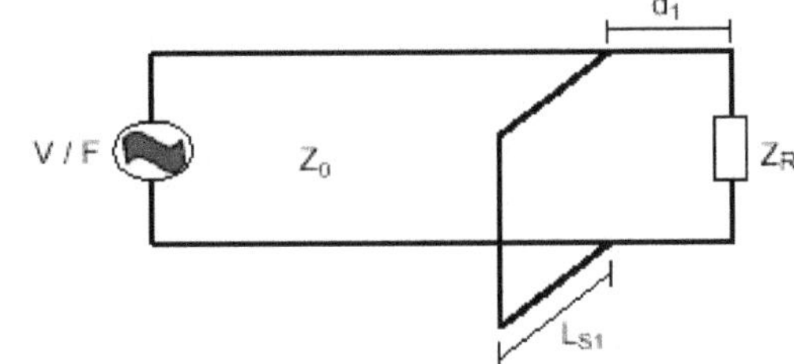

SIMBOLO

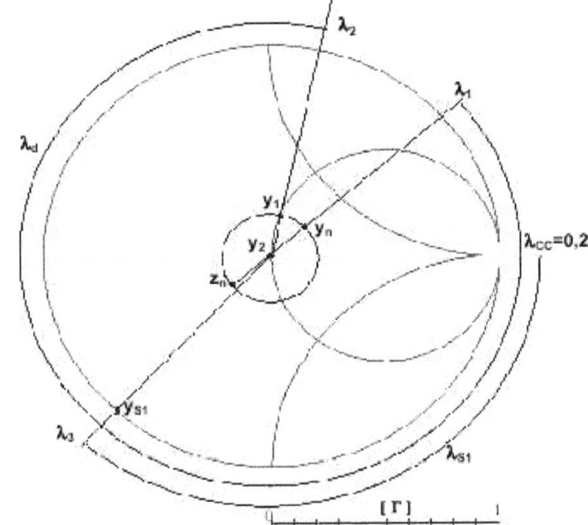

1	z_n	=	0,70 -j 0,20	
1a	$[\Gamma]$	=	0,2106	
1b	θ_Γ	=	220,40	
1c	R.O.E	=	1,534	
2	y_n	=	1,32 +j 0,38	
3	λ_1	=	0,1939	
4	y_1	=	1,00 +j 0,43	
5	λ_2	=	0,142	
6	λ_d	=	0,448	
7	y_{S1}	=	0,00 -j 0,43	
8	λ_3	=	0,4352	
9	λ_{S1}	=	0,1852	
10	y_2	=	1,00 +j 0,00	
11	λ_G	=	3,00	[m]
12	d	=	1,3440	[m]
13	L_{S1}	=	0,5557	[m]

SOLUCIÓN PROBLEMA Nº 13.04.101

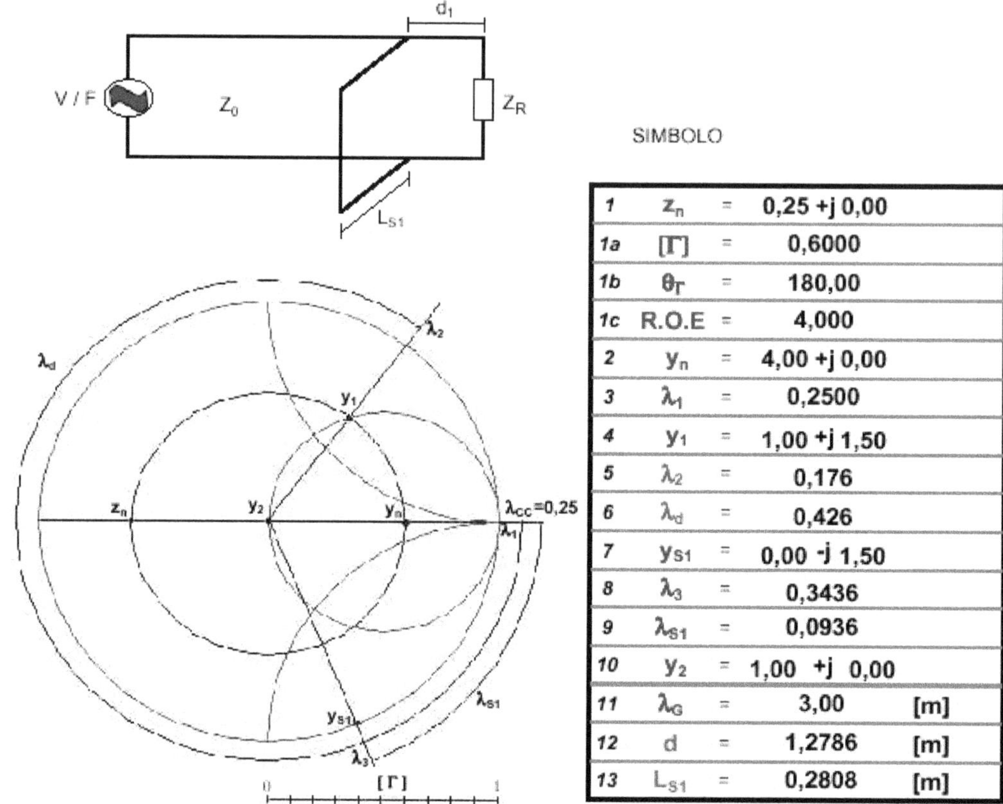

1	z_n	=	0,25 +j 0,00	
1a	[Γ]	=	0,6000	
1b	θ_Γ	=	180,00	
1c	R.O.E	=	4,000	
2	y_n	=	4,00 +j 0,00	
3	λ_1	=	0,2500	
4	y_1	=	1,00 +j 1,50	
5	λ_2	=	0,176	
6	λ_d	=	0,426	
7	y_{S1}	=	0,00 -j 1,50	
8	λ_3	=	0,3436	
9	λ_{S1}	=	0,0936	
10	y_2	=	1,00 +j 0,00	
11	λ_G	=	3,00	[m]
12	d	=	1,2786	[m]
13	L_{S1}	=	0,2808	[m]

Se puede encontrar Y_1= 1-j 1,5 lo cual hace adaptar mas cerca de la carga pero el stub es mas largo, cualquiera de las dos soluciones es correcta

SOLUCIÓN PROBLEMA Nº 13.05.102

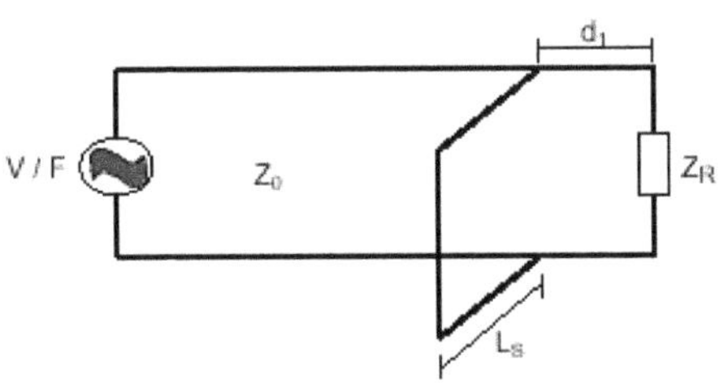

IMP. DE CARGA			
Zn=	1,861 -j 0,4911	[Ω]	
Z_R =	93,04 -j 24,56	[Ω]	

1	L_{S1}	=	0,150
2	d	=	0,125
3	λ_G	=	1,00
4	λ_{S1}	=	0,1500
5	λ_3	=	0,4000
6	y_{S1}	=	0 -j 0,7265
7	λ_d	=	0,125
8	λ_2	=	0,153
9	y_1	=	1 +j 0,7265
9a	θ_Γ	=	70,04
10	λ_1	=	0,02773
11	y_n	=	0,502 +j 0,1326
12	z_n	=	1,861 -j 0,4911
12a	$\lvert\Gamma\rvert$	=	0,3414
12b	θ_Γ	=	340,04
12c	R.O.E	=	2,037
13	Z_R	=	93,042 -j 24,557

SOLUCIÓN PROBLEMA Nº 13.06.103

ROE(F2) = 11,06

SOLUCIÓN PROBLEMA Nº 13.07.104

ROE(F2) = 1,4

SOLUCIÓN PROBLEMA N° 13.08.105

	SIMBOLO			
1	Trazar círculo auxiliar			
2	z_n	=	1,000 -j 1,000	
2a	$[\Gamma]$	=	0,4472	
2b	θ_Γ	=	-63,43	
2c	R.O.E	=	2,618	
3	y_n	=	0,500 +j 0,500	circ. en paralelo
4	λ_1	=	0,088104	
5	y_1	=	0,960 -j 0,979	
6	λ_2	=	0,34142	
7	λ_d	=	0,25332	
8	y_2	=	0,960 -j 1,999	
9	y_{S1}	=	0,00 -j 1,020	
10	λ_3	=	0,37339	1° stub
11	λ_{s1}	=	0,12339	
12	y_3	=	1,000 +j 2,041	
13	y_{S2}	=	0,00 -j 2,041	
14	λ_4	=	0,3225	2° stub
15	λ_{S2}	=	0,0725	
16	y_4	=	1,00 +j 0,00	
17	λ_G	=	1,00	
18	d	=	0,2533	Longitudes
19	L_{S1}	=	0,1234	
20	L_{S2}	=	0,0725	

SOLUCIÓN PROBLEMA N° 13.09.106

Zn = 0,6 + j 0,8

[Γ] = 0,5

θ_Γ = 90 °

Yn = 0,6 – j 0,8

$Y_1 = 0,6 - j\,0,8$

$Y_2 = 0,6 - j\,1,91$

$Y_{S1} = -j\,1,11$

$Y_{S2} = -j\,2,55$

$d_1 = 0$ [m]

$L_{S1} = 0,348$ [m]

$L_{S2} = 0,177$ [m]

SOLUCIÓN PROBLEMA Nº 13.10.107

$Zn = 1,6 - j\,0,4$

$[\Gamma] = 0,274$

$\theta_\Gamma = 335\,°$

$Yn = 0,59 - j\,0,15$

$Y_1 = 0,95 - j\,0,55$

$Y_2 = 0,95 - j\,2$

$Y_{S1} = -j\,1,44$

$Y_{S2} = -j\,2,04$

$d_1 = 0,2431$ [m]

$L_{S1} = 0,0724$ [m]

$L_{S2} = 0,0544$ [m]

SOLUCIÓN PROBLEMA Nº 13.11.108

	SIMBOLO			
1	Trazar círculo auxiliar			
2	λ_G	=	0,60	
3	λ_{s1}	=	0,11057	1° stub
4	λ_3	=	0,36057	
5	y_{S1}	=	0,00 -j 1,200	
6	y_2	=	1,6 -j 1,80	Lo fija el ROE_{ES}
7	y_1	=	1,6 -j 0,6	
8	λ_2	=	0,29445	
9	λ_d	=	0,33890	
10	λ_1	=	0,455548	circ. en paralelo
11	y_n	=	0,5 -j 0,2	
12	y_3	=	1,000 +j 1,500	
13	y_{S2}	=	0,00 -j 1,500	2° stub
14	λ_4	=	0,3436	
15	λ_{S2}	=	0,0936	
16	L_{S2}	=	0,0562	
17	y_4	=	1,00 +j 0,00	
18	z_n	=	1,6 +j 0,6	
18a	[Γ]	=	0,3180	
18b	θ_Γ	=	33	
18c	R.O.E	=	1,933	
19	Z_R		120 +j 45	[Ω]

SOLUCIÓN PROBLEMA Nº 13.12.109

a) $Z_R = 120 - j\ 30$ [Ω]

b) [Γ] = 0,27 $\theta_\Gamma = 335$ °

c) $ROE_R = 1,75$

d) $L_{S2} = 0,0544$ [m]

SOLUCIÓN PROBLEMA Nº 13.13.110

$Z_{T\,(\lambda/4)} = 132{,}28\ [\,\Omega\,]$

SOLUCIÓN PROBLEMA Nº 13.14.111

$Z_{T\,(\lambda/4)} = 129{,}26\ [\,\Omega\,]$ Dist. para hacer real 0,052 λ

SOLUCIÓN PROBLEMA Nº 13.15.112

$Z_{T\,(\lambda/4)} = 36{,}32\ [\,\Omega\,]$ Dist. Para hacerlo real 0,166

14. RADIACIÓN

SOLUCIÓN PROBLEMA Nº 14.01.113

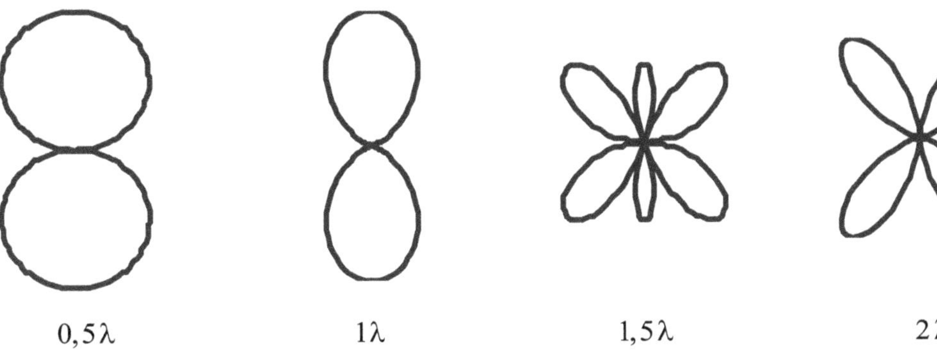

0,5λ 1λ 1,5λ 2λ

Hacer las tablas para cada diagrama cada 10 grados.

SOLUCIÓN PROBLEMA Nº 14.02.114

a)

$$E_\theta = \frac{Idl\,sen\,\theta}{4\pi\varepsilon}\left[-\frac{\omega sen(\omega t')}{rv^2}+\frac{\cos(\omega t')}{r^2 v}+\frac{sen(\omega t')}{\omega r^3}\right]$$

$$E_r = \frac{2\,I\,d\ell\cos\theta}{4\pi\varepsilon}\left(\frac{\cos\,\omega\,t'}{r^2 v}+\frac{\operatorname{sen}\omega\,t'}{\omega\,r^3}\right)$$

$$H_\phi = \frac{Idl\,sen\,\theta}{4\pi}\left[-\frac{\omega sen(\omega t')}{rv}+\frac{\cos(\omega t')}{r^2}\right]$$

Término estático $1/r^3$, término de inducción $1/r^2$, término de radiación $1/r$

b) La distancia a la cual se hacen iguales el término de inducción y de radiación es $\lambda/6$

c)

$$P_y(r)_{av} = \frac{\eta}{2}\left(\frac{\omega I\, dl\, \operatorname{sen}\theta}{4\pi r c}\right)$$

15. Antenas

SOLUCIÓN PROBLEMA Nº 15.01.115

$Z_0 = 300\ [\ \Omega\ ]$

SOLUCIÓN PROBLEMA Nº 15.02.116

Antena Yagi

Se basa en el agregado de elementos directores y reflectores a un dipolo con el fin de aumentar su directividad.

Su ganancia está dada por:

$G = 10.\log n\ [\ db\ ]$

n = número de elementos de la antena.

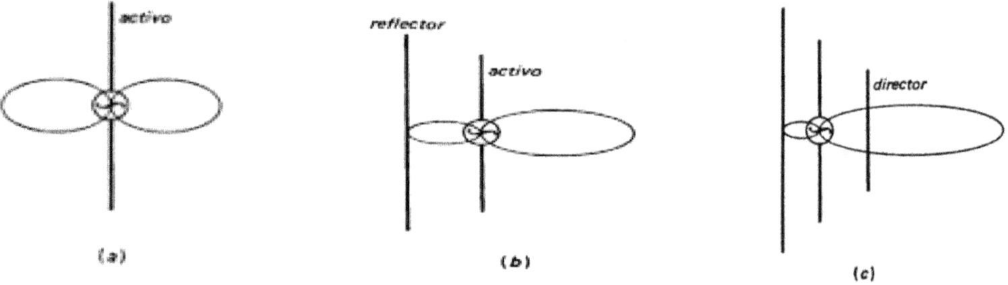

SOLUCIÓN PROBLEMA Nº 15.03.117

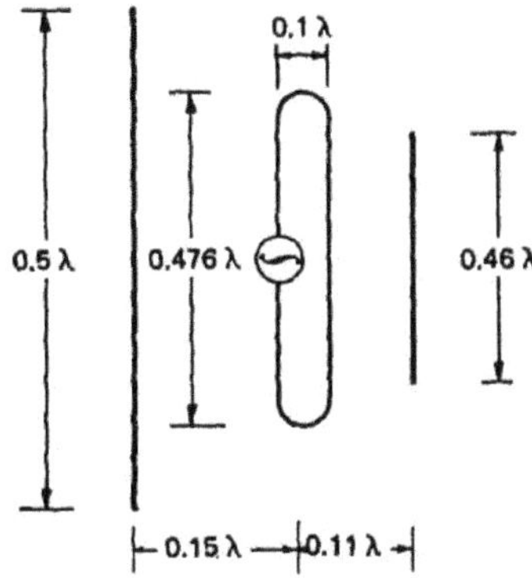

Frec = 180 Mhz

$$\lambda = \frac{c}{Frec} = 1,66\ m$$

0,11 λ = 0,1826 m

0,15 λ = 0,249 m

0,46 λ = 0,7636 m

0,476 λ = 0,79 m

0,5 λ = 0,83 m

SOLUCIÓN PROBLEMA Nº 15.04.118

a) La antena Ringo puede ser usada entre: 135 Mhz y 174 Mhz

b) Impedancia de entrada: 50 [Ω]

c) Resistencia al viento: 200 [Km/h]

d) Dimensiones para 140 Mhz : A= 1460 [mm]; B= 1333 [mm], C= 235 [mm]

Dimensiones para 160 Mhz.: A= 1271 [mm]; B= 1155 [mm], C= 209 [mm]

Para reducir el R.O.E. hacer deslizar la varilla de ajuste de impedancia sobre el aro adaptador.

16. FIBRAS ÓPTICAS

SOLUCIÓN PROBLEMA Nº 16.01.119

La tecnología se basa en la transmisión de la luz a lo largo de filamentos transparentes de vidrio, plástico u otro medio de características ópticas convenientes.

Hay tres tipos de fibras: "Realizar los gráficos del Libro"

1) Fibra multimodo de índice escalonado
2) Fibra multimodo de índice gradual
3) Fibra monomodo o modo simple

Las características de un sistema por fibras ópticas son:

a) Menor pérdida de potencia
b) Inmunidad al ruido
c) Dimensiones reducidas y bajo peso
d) Seguridad (no se puede interceptar la señal)
e) Aislamiento eléctrico
f) Gran ancho de banda

SOLUCIÓN PROBLEMA Nº 16.02.120

Hacer el desarrollo del Libro de Teórico.

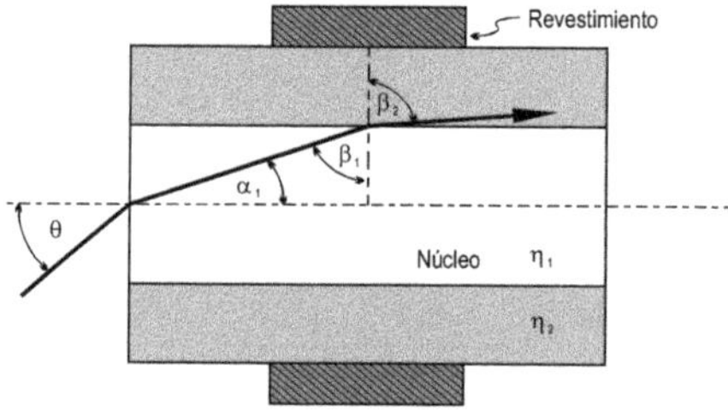

SOLUCIÓN PROBLEMA Nº 16.03.121

$$\theta_a = 14{,}35\ [\ °\ ]$$

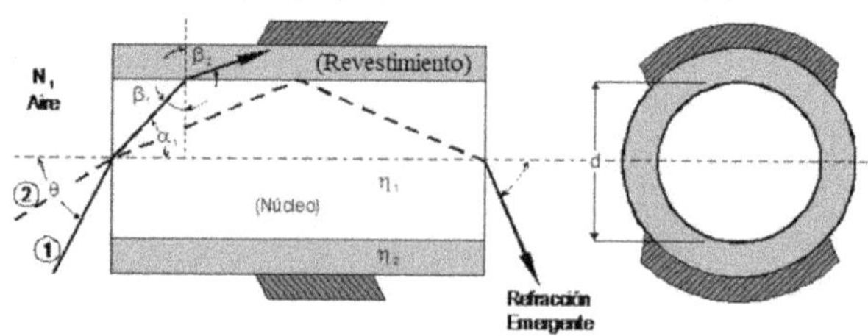

SOLUCIÓN PROBLEMA Nº 16.04.122

A.N.: = 0,280

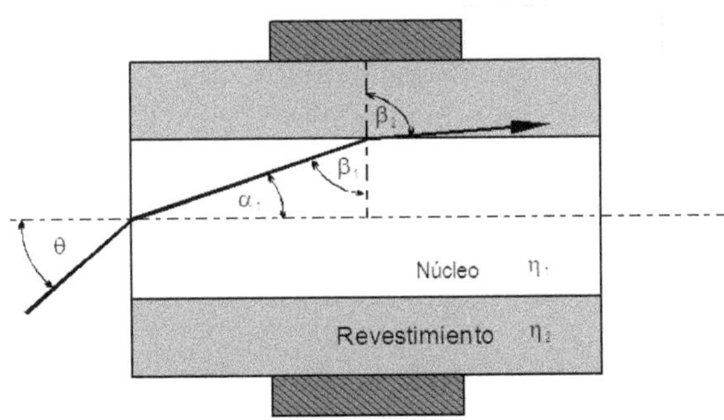

TECNICA DEL SEMINARIO

A fin de que mis colegas puedan utilizar esta técnica ya sea al finalizar el estudio de la propagación de ondas en medio continuo o como cierre de la asignatura, he querido incluir una reseña acerca del seminario.

El seminario es una técnica de estudio más amplia que la discusión o el debate, pudiéndose incluir ambas en su desarrollo.

La duración de un seminario puede variar desde uno o algunos días hasta un año; su extensión depende de la extensión, profundidad de los estudios y del tiempo disponible.

El seminario puede tener lugar en el horario común de clases o en horario extraordinario, y puede versar sobre el estudio de una o más unidades del programa, así como de temas correlacionados con las mismas y de evidente interés para la disciplina.

El seminario puede desarrollarse de maneras diferentes, adaptándose a circunstancias y necesidades de enseñanza.

1. El profesor distribuye la presentación de la unidad entre los estudiantes, en forma individual o en grupo, según las preferencias, aptitudes de éstos o al azar, indicando bibliografía y otras normas necesarias, así como la fecha de las sesiones del seminario.

2. En la fecha marcada, el grupo presenta la parte que le fue indicada, expone los resultados de sus estudios sobre dicho tema, dando comienzo a las discusiones y debates acerca de la misma.

3. Cuando alguna parte del tema no queda lo suficientemente aclarada, el profesor prestará la ayuda necesaria y actuará como moderador.

4. Al final son coordinadas las conclusiones a que lleguen los estudiantes con el auxilio del profesor.

5. Para que el seminario resulte eficiente, es necesario insistir en que todos los estudiantes se preparen convenientemente para los trabajos establecidos, máxime si los temas tratados son fundamentales para la formación en dicha disciplina.

El seminario favorece y desenvuelve la capacidad de razonar del alumno.

Dice J. Francisco Oliver que ¨ un seminario es la reunión del profesor y sus alumnos con el objeto de hacer investigaciones propias sobre puntos concretos de la ciencia a la cual se dedican. No se trata de que todos los que pasen por un seminario lleguen a ser científicos, pero, por lo menos, lo que ya es mucho, despertará su espíritu científico.

Así el seminario es el complemento de la cátedra, que orienta al estudiante hacia el trabajo científico y hacia el hábito del razonamiento objetivo.

El seminario se dirige más a la formación que a la información, pues tiende a capacitar al educando para estudiar independientemente y de esta forma da particular importancia:

1. Al uso de los instrumentos de trabajo intelectual, a la vez que justifica el manejo de aparatos de investigación.
2. Al análisis de hechos y no solamente a las referencias bibliográficas.
3. A la reflexión sobre los problemas, además de exponerlos.
4. Al pensamiento original.
5. A la exposición de los trabajos realizados, con orden, exactitud y honestidad.

ING. ANTONIO MIGUEL GARCIA ABAD

Tabla de Guías de Ondas Standard de Hewlett Packard

	Designación de Bandas HP	Rango de Frecuencia Modo TE_{10} (GHz)	Material B-Bronce A-Aluminio P-Plata	Ancho (a) Pulgadas	Alto (b) Pulgadas	Ancho (a) cm	Altura (b) cm	Frecuencia de corte (Ghz)
1		1,12 - 1,70	B A	6,500	3,250	16,510	8,255	0,909
2		1,45 - 2,20	B A	5,100	2,550	12,954	6,477	1,158
3		1,70 - 2,60	B A	4,300	2,150	10,922	5,461	1,373
4		2,20 - 3,30	B A	3,400	1,700	8,636	4,318	1,737
5	S	2,60 - 3,95	B A	2,840	1,340	7,214	3,404	2,079
6		3,30 - 4,90	B A	2,290	1,145	5,817	2,908	2,579
7	G	2,95 - 5,85	B A	1,872	0,872	4,755	2,215	3,155
8	C	4,90 - 7,05	B A	1,590	0,759	4,039	1,928	3,714
9	J	5,85 - 8,20	B A	1,372	0,622	3,485	1,580	4,304
10	H	7,05 - 10,00	B A	1,122	0,497	2,850	1,262	5,263
11		7,00 - 11,00	B A	1,020	0,510	2,591	1,295	5,790
12	**X**	**8,20 - 12,40**	**B A**	**0,900**	**0,400**	**2,286**	**1,016**	**6,562**
13	M	10,00 - 15,00	B A	0,750	0,375	1,905	0,953	7,874
14	P	12,40 - 18,00	B A P	0,622	0,311	1,580	0,790	9,494
15	N	15,00 - 22,00	B A P	0,510	0,255	1,295	0,648	11,579
16	K	18,00 - 26,50	B A P	0,420	0,170	1,067	0,432	14,061
17		22,00 - 33,00	B A P	0,340	0,170	0,864	0,432	17,369
18	R	28,50 - 40,00	B A P	0,280	0,140	0,711	0,356	21,091
19		33,00 - 50,00	B P	0,224	0,112	0,569	0,284	26,364
20		40,00 - 60,00	B P	0,188	0,094	0,478	0,239	31,412
21	V	50,00 - 75,00	B P	0,148	0,074	0,376	0,188	39,902
22		60,00 - 90,00	B P	0,122	0,061	0,310	0,155	48,406
23		75,00 - 110,00	B P	0,100	0,050	0,254	0,127	59,055

Tabla de caracteristicas de los principales cables coaxiales (hoja 1)

Características de los Cables Coaxiales													
Coaxial	Ohm	Factor Veloc	Aislan. Dieléc.	Tensión Máx RMS	pF Por Metro	Atenuación en decibellos por cada 100 mts							
						10 Mhz	50 Mhz	100 mhz	200 Mhz	400 Mhz	1 Ghz	3 Ghz	Diam. en mm
RG-5	50	0,66	Esp PE	--------	93,50	2,72	6,23	8,85	13,50	19,40	32,15	75,50	8,30
RG-6	75	0,66	Esp PE	--------	61,60	2,72	6,23	8,85	13,50	19,40	32,15	75,50	8,50
RG-8	52	0,66	PE	4	97	1,80	4,27	6,23	8,86	13,50	26,30	52,50	10,30
RG-9	51	0,66	PE	4	98	2,17	4,92	7,55	10,80	16,40	28,90	59,00	10,70
RG-10	52	0,66	-------	--------	100	1,80	4,25	6,25	8,85	13,50	26,30	52,50	12,00
RG-11	75	0,66	Esp PE	4	67	2,18	5,25	7,55	10,80	15,80	25,60	54,00	10,30
RG-12	75	0,66	PE	4	67	2,18	5,25	7,55	10,80	15,80	25,60	54,00	12,00
RG-13	74	0,66	-------	--------	67	2,18	5,25	7,55	10,80	15,80	25,60	54,00	10,70
RG-14	52	0,66	-------	--------	98,40	1,35	3,28	4,60	6,55	10,20	18,00	41,00	13,90
RG-17	52	0,66	PE	11	67	0,80	2,05	3,15	4,90	7,85	14,40	31,10	22,10
RG-18	52	0,66	-------	--------	100	0,80	2,05	3,15	4,90	7,85	14,40	31,10	24,00
RG-19	52	0,66	-------	--------	100	0,55	1,50	2,30	3,70	6,05	11,80	25,30	28,50
RG-20	52	0,66	-------	--------	100	0,55	1,50	2,30	3,70	6,05	11,80	25,30	30,40
RG-21	53	0,66	-------	--------	98	14,40	30,50	47,70	59,00	85,30	141,00	279,00	8,50
RG-34	75	0,66	-------	--------	67	1,05	2,79	4,60	6,90	10,80	19,00	52,50	15,90
RG-35	75	0,66	-------	--------	67	0,80	1,90	2,80	4,15	6,40	11,50	28,20	24,00
RG-55	53,50	0,66	PE	1.9	93	3,94	10,50	15,80	23,00	32,80	54,10	100,00	5,30
RG-58	50	0,66	PE	1.9	93	4,60	10,80	16,10	24,30	39,40	78,70	177,00	5,00
RG-59	73	0,66	PE	600	69	3,60	7,85	11,20	16,10	23,00	39,40	87,00	6,20
RG-74	52	0,66	-------	--------	98	1,35	3,28	4,59	6,56	10,70	18,00	41,00	15,70
RG-122	50	0,66	-------	--------	------	5,58	14,80	23,00	36,10	54,10	95,10	187,00	4,10
RG-142	50	0,70	PTFE	1.9	96	3,60	8,85	12,80	18,50	26,30	44,25	88,60	4,90
RG-174	50	0,66	PTFE	1.5	101	12,80	21,70	29,20	39,40	57,40	98,40	210,00	2,60
RG-177	50	0,66	-------	--------	------	0,70	2,03	3,12	4,92	7,85	14,40	31,20	22,70

Tabla de caracteristicas de los principales cables coaxiales (hoja 2)

Características de los Cables Coaxiales

Coaxial	Ohm	Factor Veloc	Aislan. Dieléc.	Tensión Máx RMS	pF Por Metro	Atenuación en decibelios por cada 100 mts							
						10 Mhz	50 Mhz	100 mhz	200 Mhz	400 Mhz	1 Ghz	3 Ghz	Diam. en mm
RG-178	50	0,69	-------	--------	------	18,40	34,50	45,90	63,30	91,90	151,00	279,00	1,90
RG-179	75	0,69	-------	--------	------	17,40	27,90	32,80	41,00	52,50	78,70	144,00	2,50
RG-180	95	0,69	-------	--------	------	10,80	15,10	18,70	24,90	35,50	55,80	115,00	3,70
RG-187	75	0,69	-------	--------	------	17,40	27,90	32,80	41,00	52,50	78,70	144,00	2,80
RG-188	50	0,69	-------	--------	------	19,70	31,50	37,40	46,60	54,80	102,00	197,00	2,80
RG-195	95	0,69	-------	--------	------	10,80	15,10	18,70	24,90	35,40	55,80	115,00	3,90
RG-196	50	0,69	-------	--------	------	18,40	34,50	45,20	62,30	91,90	151,00	279,00	2,00
RG-212	50	0,66	-------	--------	------	2,72	6,23	8,86	13,50	19,40	32,20	75,50	8,50
RG-213	50	0,66	PE	5	101	1,80	4,30	6,25	8,85	13,50	26,30	52,50	10,30
RG-214	50	0,66	PE	5	101	2,15	4,95	7,55	10,80	16,40	28,90	59,00	10,80
RG-215	50	0,66	PE	5	101	1,80	4,30	8,20	8,85	13,50	26,30	52,50	10,30
RG-216	75	0,66	PE	5	67	2,15	5,25	7,55	10,80	15,80	25,60	54,10	10,80
RG-217	50	0,66	-------	--------	------	1,35	3,30	4,60	6,55	10,20	18,00	40,50	13,80
RG-218	50	0,66	-------	--------	96	0,80	2,05	3,10	4,90	7,85	14,40	31,20	22,10
RG-219	50	0,66	-------	--------	------	0,80	2,05	3,10	4,90	7,85	14,40	31,20	24,00
RG-220	50	0,66	-------	--------	96	0,55	1,50	2,30	3,70	6,10	11,80	25,50	28,50
RG-221	50	0,66	-------	--------	------	0,55	1,50	2,30	3,70	6,10	11,80	25,50	30,40
RG-222	50	0,66	-------	--------	------	14,40	30,50	42,70	59,10	85,30	141,00	279,00	8,50
RG-223	50	0,66	PE	1.9	101	3,95	10,50	15,80	23,00	32,80	54,10	100,00	5,40
RG-302	75	0,69	-------	--------	------	1,50	4,00	10,80	15,40	22,60	41,90	85,25	5,30
RG-303	50	0,69	-------	--------	------	3,61	8,86	12,80	18,50	26,30	44,30	88,60	4,30
RG-316	50	0,69	-------	--------	------	19,70	31,50	37,40	46,60	54,80	102,00	197,00	2,60

NOTAS	PE = Polietileno
	Esp.PE = Espuma de Polietileno
	PTFE = Teflón (Politetrafluoroetileno)
	RG-214 y RG-223 = Con doble protección (Doble apantallado)

FIBRAS ÓPTICAS

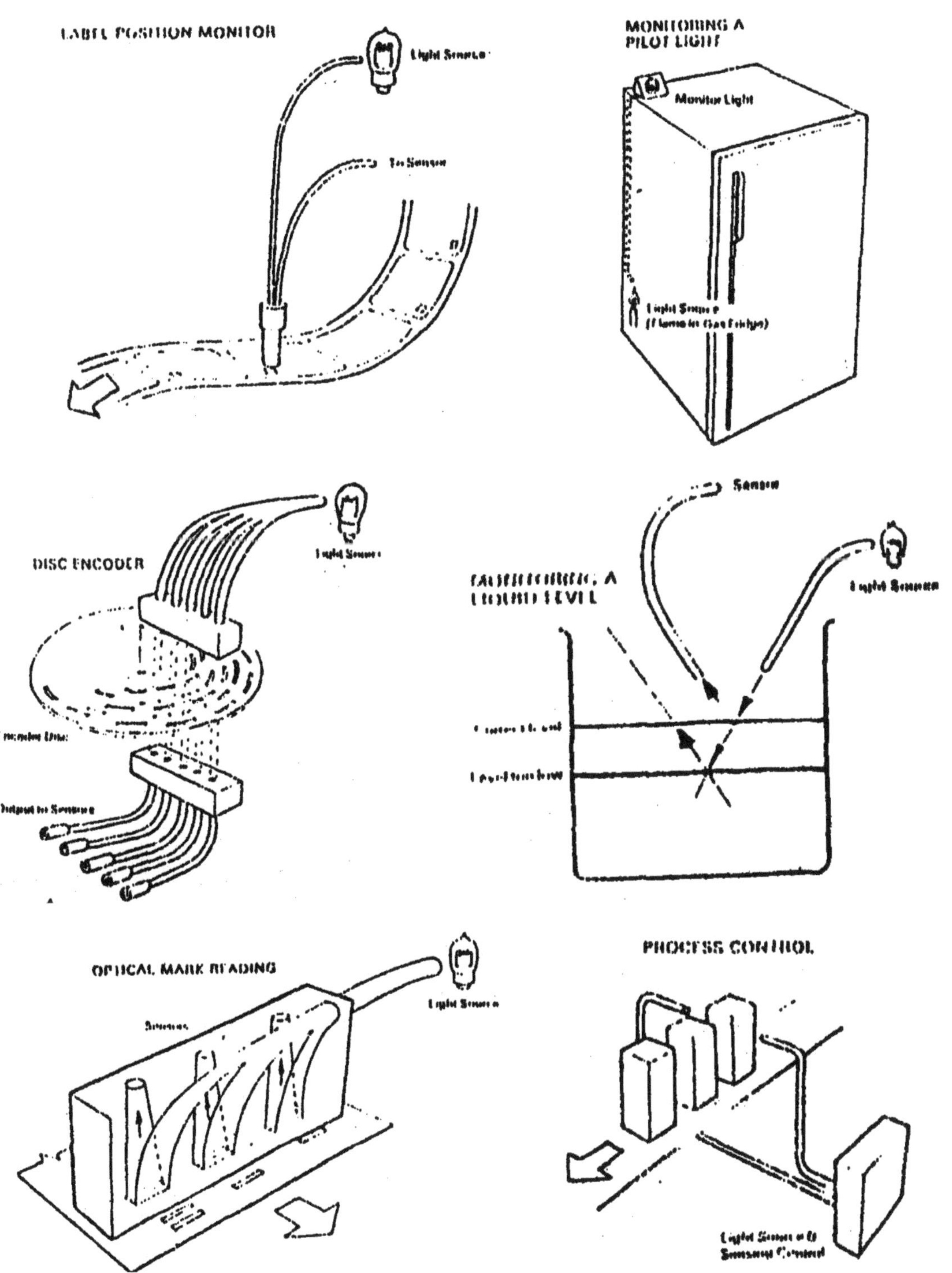

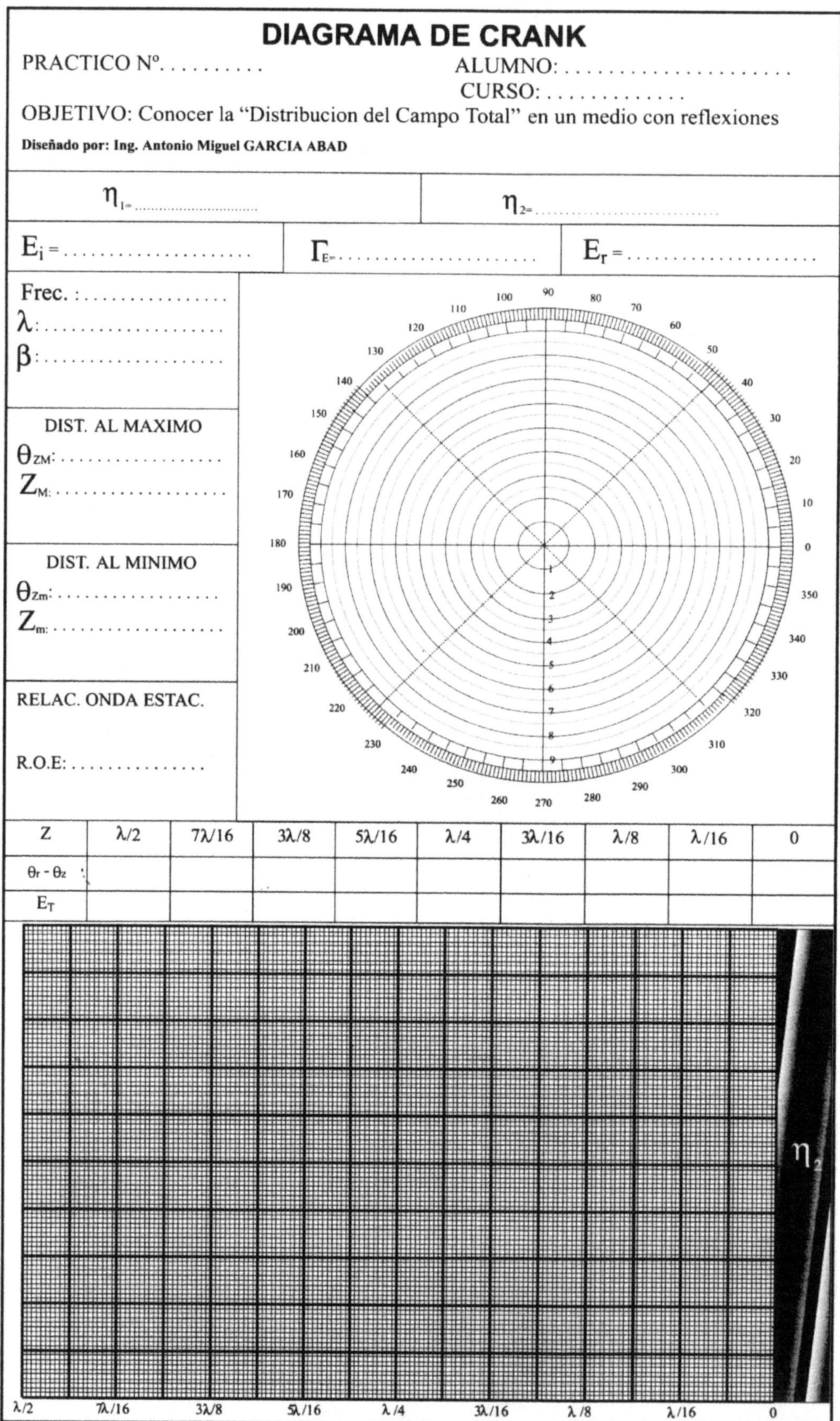

DIAGRAMA DE CRANK

PRACTICO Nº. . . . . ALUMNO: . . . .

CURSO: . . . .

OBJETIVO: Conocer la “Distribucion del Campo Total” en un medio con reflexiones

Diseñado por: Ing. Antonio Miguel GARCIA ABAD

$\eta_{1=}$	$\eta_{2=}$ ....

E_i = ...	$\Gamma_{E=}$	E_r = ...

Frec. : . . . .

λ: . . . .

β: . . . .

DIST. AL MAXIMO

θ_{ZM}: . . . .

$Z_{M:}$ . . . .

DIST. AL MINIMO

θ_{Zm}: . . . .

$Z_{m:}$ . . . .

RELAC. ONDA ESTAC.

R.O.E: . . . .

Z	$\lambda/2$	$7\lambda/16$	$3\lambda/8$	$5\lambda/16$	$\lambda/4$	$3\lambda/16$	$\lambda/8$	$\lambda/16$	0
$\theta_r - \theta_z$									
E_T									

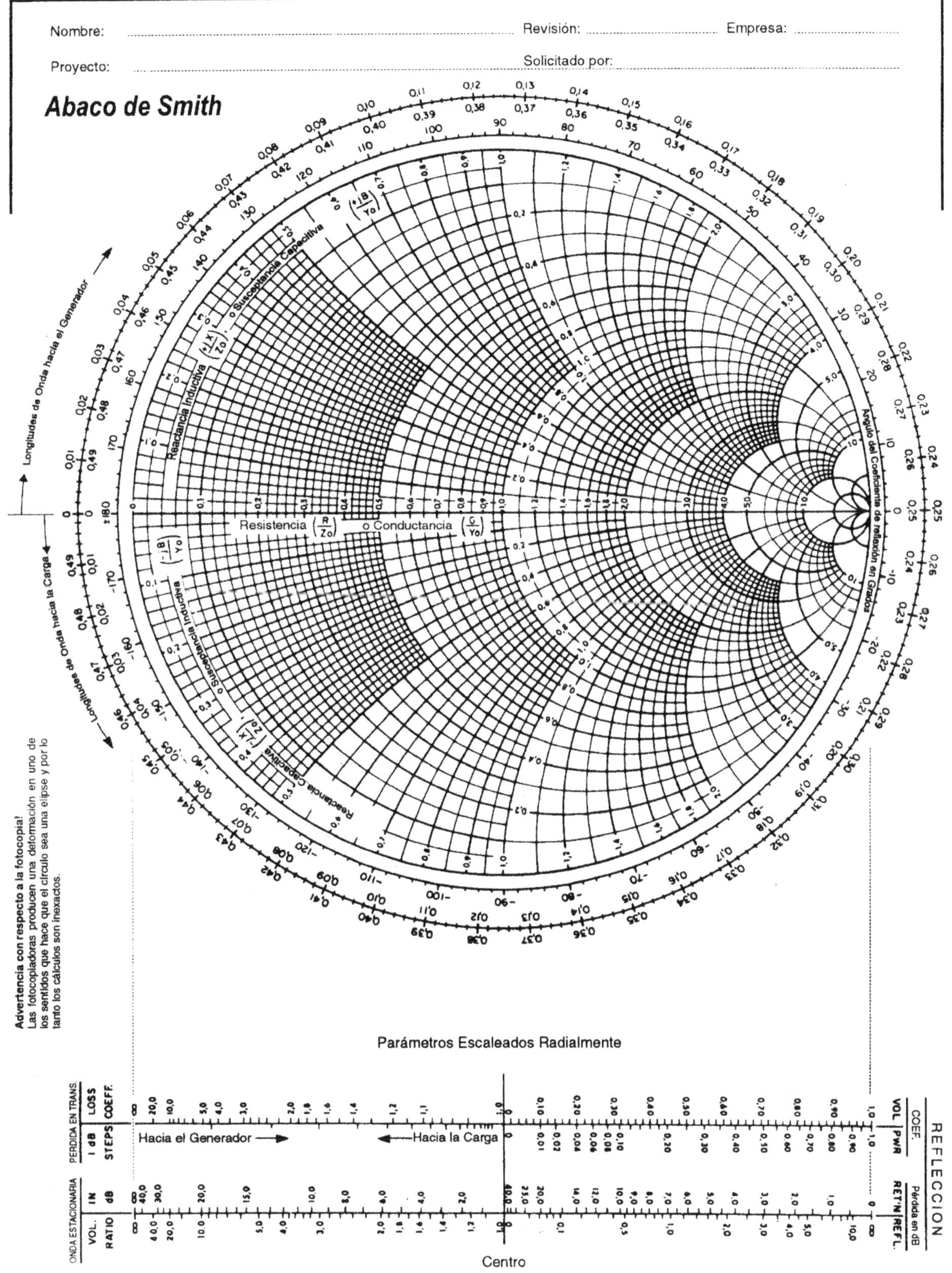
Nombre:
Revisión:
Empresa:
Proyecto:
Solicitado por:
Abaco de Smith
Longitudes de Onda hacia el Generador
Longitudes de Onda hacia la Carga
Susceptancia Capacitiva
Reactancia Inductiva
Susceptancia Inductiva
Reactancia Capacitiva
Resistencia (R/Zo) o Conductancia (G/Yo)
Angulo del Coeficiente de reflexión en Grados
Advertencia con respecto a la fotocopia!
Las fotocopiadoras producen una deformación en uno de los sentidos que hace que el círculo sea una elipse y por lo tanto los cálculos son inexactos.
Parámetros Escaleados Radialmente
PERDIDA EN TRANS.
LOSS COEFF.
1 dB STEPS
Hacia el Generador
Hacia la Carga
ONDA ESTACIONARIA
VOL. RATIO
IN dB
COEF. VOL PWR
RET'N REFL.
Pérdida en dB
REFLECCION
Centro

La presente edición de *Guía de Actividades –Campos Electromagnéticos y Medios de Enlace. Edición 2020-* se terminó de imprimir en Universitas en el mes de marzo 2020

Impreso en Argentina

CORDOBA

www.ingramcontent.com/pod-product-compliance
Ingram Content Group UK Ltd.
Pitfield, Milton Keynes, MK11 3LW, UK
UKHW061829190726
13853UKWH00009B/2521